Riva Khanna
Balaji Gunasekaran

Sistema de automatização doméstica sem fios

Riva Khanna
Balaji Gunasekaran

Sistema de automatização doméstica sem fios

ScienciaScripts

Imprint

Any brand names and product names mentioned in this book are subject to trademark, brand or patent protection and are trademarks or registered trademarks of their respective holders. The use of brand names, product names, common names, trade names, product descriptions etc. even without a particular marking in this work is in no way to be construed to mean that such names may be regarded as unrestricted in respect of trademark and brand protection legislation and could thus be used by anyone.

Cover image: www.ingimage.com

This book is a translation from the original published under ISBN 978-620-2-05942-8.

Publisher:
Sciencia Scripts
is a trademark of
Dodo Books Indian Ocean Ltd. and OmniScriptum S.R.L publishing group

120 High Road, East Finchley, London, N2 9ED, United Kingdom
Str. Armeneasca 28/1, office 1, Chisinau MD-2012, Republic of Moldova, Europe
Printed at: see last page
ISBN: 978-620-7-89141-2

ÍNDICE DE CONTEÚDOS

Prefácio

Antes de mais, gostaria de agradecer à Universidade de Tecnologia de Tallinn, que me deu a oportunidade de obter um mestrado. O currículo deu-me a oportunidade de aumentar os meus conhecimentos práticos através deste programa inovador. Obtive o meu bacharelato em eletrónica e comunicação, pelo que foi uma nova experiência e uma sólida oportunidade de aprendizagem profissional mecânica.

Em segundo lugar, gostaria de agradecer ao Professor Mart Tamre, Presidente da cadeira de Mecatrónica, que me apoiou e ajudou nos últimos dois anos. Não só demonstrou profissionalismo, como também tentou sempre compreender os problemas dos alunos e encontrar a melhor solução para eles.

Gostaria também de agradecer ao meu supervisor, o Professor Vu Trieu Minh, Diretor de Componentes de Mecanossistemas. Os meus sinceros agradecimentos a ele por me ter motivado a escrever até ao fim do trabalho. Interessou-se pela minha formação anterior e propôs um tema semelhante. Foi sempre prestável e ajudou-me com as minhas dúvidas e confusões sobre o caso. Agradeço ao Professor Vu Minh Trieu a oportunidade de preparar a tese sob a sua orientação.

Por fim, gostaria de agradecer à minha família e amigos, que foram as principais razões para a escolha deste tema, o desenvolvimento e a execução. Apesar das dificuldades, o seu apoio foi muito importante e solidário.

CAPÍTULO 1

1. INTRODUÇÃO

A domótica é o próximo passo no esforço da comunidade de engenheiros para melhorar a qualidade de vida, de modo a que as pessoas se possam concentrar nas coisas mais importantes das suas vidas. Estes sistemas combinam todos os aparelhos electrónicos de uma determinada casa num único sistema. Os sistemas de domótica estão a tornar-se cada vez mais populares hoje em dia, uma vez que são cada vez mais baratos e acessíveis às massas. A sua fiabilidade também melhorou nos últimos anos e, com o advento dos smartphones, dos tablets e a melhoria da conetividade à Internet em todo o mundo, as pessoas podem controlar os aparelhos das suas casas a partir de qualquer canto do mundo.

Neste trabalho vou apresentar o meu sistema de automatização de cozinhas. O seu objetivo é ajudar os deficientes físicos e os idosos. Este sistema também pode ser uma grande ajuda para pessoas com horários ocupados e estilos de vida agitados, o que inclui quase toda a gente hoje em dia. Dá ao utilizador a possibilidade de controlar os aparelhos de cozinha utilizando apenas os seus smartphones/tablets. Estes aparelhos podem incluir fornos de micro-ondas, chaleiras, frigoríficos, fogões, fogões eléctricos, etc.

A domótica de assistência é um domínio da domótica especialmente orientado para os idosos e as pessoas com deficiência, com o objetivo de tornar as suas vidas muito mais fáceis e confortáveis. Estes sistemas podem dar-lhes uma sensação de segurança e facilidade de utilização, proporcionando-lhes funcionalidades como o controlo por voz e os controlos por gestos para pessoas com deficiência.

Os idosos e as pessoas com deficiências têm dificuldade em trabalhar, cozinhar e deslocar-se na cozinha e precisam frequentemente de contratar ajuda para lhes facilitar a vida. A cozinha automática dá-lhes a possibilidade de utilizarem a tecnologia para satisfazerem as suas necessidades em vez de dependerem de terceiros. Como as vidas hoje em dia estão a ficar excessivamente ocupadas e as pessoas, na sua maioria, não têm tempo para cozinhar e investir muita energia na cozinha, os electrodomésticos devem ser tão avançados que poupem tempo e os lembrem de coisas vitais, como o facto de os alimentos que têm no frigorífico irem expirar em breve, para que possam comprar alguns produtos básicos em breve.

Os sensores dos aparelhos recolhem os dados necessários, como a temperatura, a pressão, etc., e estes dados recolhidos são depois transferidos para o microcontrolador. Aqui, o módulo Arduino Uno é utilizado para fazer o mesmo. Recolhe e processa os sinais e envia-os sem fios para outro módulo, o raspberry pi, utilizando um módulo zig bee. O raspberry pi executa um servidor Open HAB através do qual os aparelhos são controlados com smartphones/tablets ou qualquer outro dispositivo que possa aceder à Internet como dispositivo de interface do utilizador.

Nesta tarefa, vou criar uma aplicação androide que designei por Kool kitchen, que ajuda as pessoas com capacidades distintas a utilizar remotamente os seus aparelhos de cozinha. O aviso nos telemóveis avançados também lhes oferece alguma ajuda na atualização do que está a acontecer nas suas cozinhas. Explicarei mais sobre esta aplicação mais adiante neste relatório, com todos os dados e programação utilizados. A ideia básica e a teoria são apresentadas a seguir.

1.1 FantásticoFridge

Como o nome sugere, é um frigorífico com características fantásticas. As funcionalidades fantásticas envolvem informações sobre os artigos no frigorífico, como datas de validade, quantidade de alimentos que ainda restam no frigorífico. A informação será fornecida com a ajuda de uma aplicação para Android

Para isso, precisamos de um leitor de códigos de barras no frigorífico. Inicialmente, os códigos de barras eram examinados por leitores ópticos únicos, chamados leitores de códigos de barras. Mais tarde, a programação de aplicações tornou-se acessível para aparelhos que podiam ler imagens, por exemplo, telemóveis com câmaras. Neste projeto, vou criar uma aplicação android chamada "frigorífico fantástico" que nos informa sobre as datas de validade dos restantes artigos e sobre a quantidade de artigos que ainda restam no frigorífico.

A impressora de códigos de barras imprime a data, o ano e o mês. Assim, o utilizador pode escolher qualquer data para alimentos embalados ou cozinhados.

O leitor de código de barras lerá essa data e guardá-la-á na base de dados e, consequentemente, o utilizador receberá notificações nos seus telefones inteligentes

No fantástico frigorífico, existe uma impressora de códigos de barras que o utilizador pode escolher datas de validade como 1 dia, 2 dias para alimentos cozinhados e 1 semana para frutas e legumes. Todos os outros produtos lácteos, como leite, manteiga, natas, etc., refrigerantes e medicamentos, o código de barras lerá as datas de validade e receberemos uma notificação no nosso android a indicar a quantidade de artigos que ainda restam no frigorífico e que é altura de ir buscar as compras à loja, e ainda se os artigos estão fora de prazo ou não.

Abaixo está o diagrama 2 d do fantástico frigorífico com leitor de código de barras e impressora de código de barras.

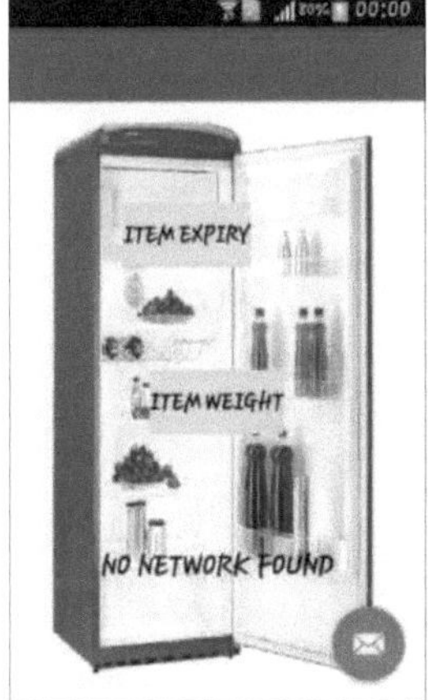

Figura 1 Frigorífico fantástico

1.2 Fogão inteligente

O fogão inteligente é mais um avanço no fogão que estou a tentar fazer para ajudar os meus clientes-alvo.

Primeiro avanço aqui no fogão inteligente temos alguns temporizadores instalados o utilizador pode definir os seus próprios temporizadores e após esse tempo o fogão desliga-se. Utilizando o sistema automático acima referido, podemos desligar e ligar e desligar o nosso fogão à distância. Outra caraterística avançada que podemos acrescentar ao fogão inteligente é o facto de alguns recipientes estarem equipados com sensores de temperatura, quando a temperatura do recipiente atinge uma determinada temperatura, o fogão desliga-se automaticamente.

Este sistema funciona da mesma forma que o frigorífico Fantastic, em que o sensor de temperatura está ligado a microcontroladores e os microcontroladores estão ligados ao hub central que envia sinais para os telefones inteligentes e o utilizador poderá controlar o dispositivo remotamente. Neste trabalho, criei um protótipo utilizando um fogão e veremos também simulações Simulink no final desta tarefa. A temperatura será constantemente fornecida à aplicação androide e ao HUB central para monitorização.

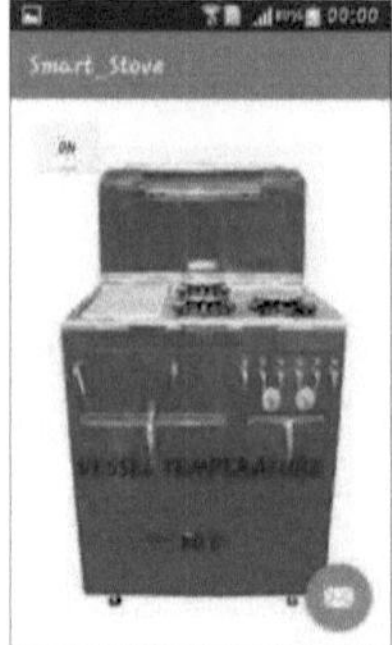

Figura 2 Fogão inteligente

1.3 Micro-ondas Master

Utilizando o sistema automático acima referido, podemos desligar e ligar e desligar o nosso micro-ondas à distância. Além disso, para ajudar as pessoas com deficiências físicas, o micro-ondas principal envia um texto/notificação para os telemóveis inteligentes quando a tarefa é concluída dentro do micro-ondas.

Para isso, podemos utilizar alguns sensores de posição ou câmaras. Com a ajuda do sensor de temperatura, será efectuada uma monitorização constante dos dados e o mesmo protótipo que é utilizado para o fogão poderá ser utilizado aqui.

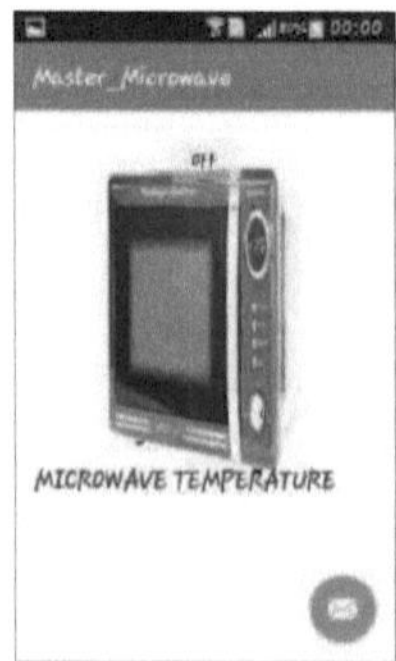

Figura 3 Micro-ondas principal

1.4 Investigação de fundo

Uma identificação normalizada é uma representação ótica clara de informação que se identifica com o artigo ao qual está ligada. Inicialmente, as etiquetas normalizadas referiam-se metodicamente à informação alterando a largura e o espaçamento das linhas paralelas, podendo ser designadas por directas ou unidimensionais (ID). Posteriormente, foram criados códigos bidimensionais (2D), utilizando rectângulos, manchas, hexágonos e outros exemplos geométricos em duas medidas, na sua maioria denominados etiquetas normalizadas, apesar de não utilizarem barras nessa capacidade. As identificações padronizadas foram inicialmente verificadas por scanners ópticos extraordinários, denominados perícias de identificação padronizadas. Mais tarde, a programação de aplicações tornou-se acessível para aparelhos que podiam ler imagens, por exemplo, telemóveis com câmaras.

Uma das primeiras utilizações de um tipo de etiqueta de scanner numa ligação moderna foi apoiada pela Association of American Railroads no final da década de 1960. Criado pela General Telephone and Electronics (GTE) e denominado Karaka ACI (Automatic Car Identification), este plano incluía a colocação de riscas sombreadas em diferentes misturas em placas de aço que eram fixadas nos lados do material circulante ferroviário. Eram utilizadas duas placas por veículo, uma de cada lado, com o plano de jogo das riscas coloridas a codificar dados, por exemplo, propriedade, tipo de equipamento e número de prova distintivo]. As matrículas foram examinadas por um scanner de via, situado para ocorrência, na passagem para um pátio de caraterização, enquanto o automóvel passava. O empreendimento foi abandonado após cerca de dez anos, com o argumento de que a estrutura se mostrou inconsistente após o uso de longo curso.

As identificações normalizadas revelaram-se economicamente frutuosas quando foram utilizadas para mecanizar as estruturas de pagamento das mercearias, uma tarefa para a qual se revelaram quase generalizadas. A sua utilização estendeu-se a numerosas tarefas diferentes, que são designadas por identificação programada e recolha de informações (AIDC). O principal exame da identificação normalizada do agora omnipresente Código Universal de Produto (UPC) foi feito numa embalagem de pastilhas elásticas da Wrigley Company em junho de 1974. [1]

Um sistema como este já está disponível no mercado, como o LG home chat, que utiliza a interface android para funcionar, mas o sistema fornecido por mim facilita outros avanços, uma vez que não se limita a conversar, mas a pesagem e a impressora de códigos de barras no frigorífico dão ao utilizador a liberdade de escolher a data de validade de determinados produtos, uma vez que é muito importante comer alimentos saudáveis.

O LG Home Chat incorpora a popular aplicação LINE para permitir que os utilizadores recebam recomendações e controlem as definições quando estão fora de casa. Com uma interface intuitiva, o Home Chat torna a comunicação com o frigorífico inteligente, a máquina de lavar roupa ou o forno da LG muito semelhante a uma conversa com um amigo próximo. Para maior comodidade, a funcionalidade Quick Button permite um acesso rápido e fácil às funções mais utilizadas de cada eletrodoméstico. O Home Chat também dá aos utilizadores a possibilidade de escolher entre três modos diferentes. [2]

A vantagem que o meu sistema tem em relação ao sistema já disponível no mercado é que o utilizador não precisa de comunicar sozinho com os seus dispositivos, no entanto, os dispositivos enviam notificações ao utilizador nos seus smartphones como lembrete. Outra vantagem é que, no frigorífico, instalei um leitor de códigos de barras que permite ao utilizador escolher as datas de validade dos produtos cozinhados. Para os alimentos embalados, o utilizador pode simplesmente imprimir as datas mencionadas nos recipientes dos alimentos.

Como vou utilizar códigos de barras num dos meus dispositivos, existe uma norma de identificação normalizada chamada GS1 que codifica as datas de validade. Atualmente, a GS1 está disponível em alguns produtos farmacêuticos. As etiquetas de scanner mais frequentemente encontradas nas mercearias utilizam a identificação normalizada UPC e EAN e não codificam as datas de validade. A medida dos dados que podem ser incorporados numa etiqueta de scanner UPC é regularmente considerada demasiado pequena para incorporar o número de prova de distinção do artigo e uma data. Os códigos GS1 utilizam a configuração do código 128, que pode armazenar 128 bytes. Tudo o que alguém pode precisar para datas. [3] Para criar este sistema é feita uma pesquisa de fundo sobre o zig bee. [4] São feitas as ligações entre o Arduino e o zig bee. [5]

CAPÍTULO 2

2. DOMÓTICA

Os sensores dos aparelhos recolhem os dados necessários, como a temperatura, a pressão, etc., e estes dados recolhidos são depois transferidos para o microcontrolador. Aqui, o módulo Arduino Uno é utilizado para fazer o mesmo. Recolhe e processa os sinais e envia-os sem fios para outro módulo, o raspberry pi, utilizando um módulo zig bee. O raspberry pi executa um servidor Open HAB através do qual os aparelhos são controlados com smartphones/tablets ou qualquer outro dispositivo que possa aceder à Internet como dispositivo de interface do utilizador.

Nesta tarefa, vou criar uma aplicação androide que designei por Kool kitchen, que ajuda as pessoas com capacidades distintas a utilizar remotamente os seus aparelhos de cozinha. O aviso nos telemóveis avançados também lhes oferece alguma ajuda na atualização do que está a acontecer nas suas cozinhas. Explicarei mais sobre esta aplicação mais adiante neste relatório, com todos os dados e programação utilizados.

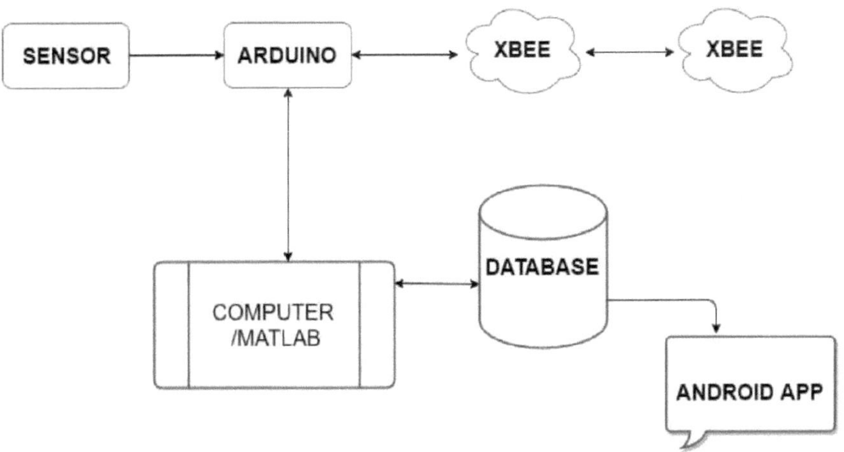

Figura 4 Sistema de automatização doméstica

O diagrama do sistema acima é auto-explicativo, uma vez que se trata de um sistema sem fios, precisamos do Arduino, do zig bee e do raspberry pi para ligar à Internet e utilizá-los posteriormente nos telemóveis. No meu sistema são utilizados diferentes tipos de sensores, como o sensor de pesagem no frigorífico.

O diagrama apresentado acima era o meu plano inicial quando comecei a trabalhar nesta tese de investigação, no entanto, quando comecei a executar o meu plano para a tese, isso mudou um pouco: não utilizei o Raspberry pi e, em vez do hub aberto, utilizei o servidor Web para armazenar os meus dados.

Assim, a tarefa global da tese divide-se em 3 partes principais

Parte 1; Do sensor ao computador

1. Obter dados do sensor para o Arduino

2. Envio dos dados através dos 2 Xbees para o computador portátil

Parte 2; Processamento no computador e transferência para o servidor

1. Obter dados do Xbees para o MATLAB

2. Processamento MATLAB

3. Carregar dados para o servidor/internet

Parte 3; Aplicação no android

1. Interface do utilizador

2. O telemóvel descarrega dados do servidor e apresenta-os.

Para esta experiência, vou utilizar um sensor de temperatura. O sensor de temperatura, como o nome indica, é utilizado para medir a temperatura. Converte a energia térmica em energia eléctrica e emite um sinal de corrente como saída. No meu sistema, deve ser colocado no interior do forno, do frigorífico, da chaleira, etc., para medir a temperatura dos alimentos que estão a ser cozinhados, de modo a poder ser apresentado ao utilizador, que pode utilizar os dados para conhecer o estado dos alimentos.

O Arduino é o chip produzido por uma empresa chamada Arduino, que é uma empresa de hardware e software de fonte aberta. Pode ser utilizado para conceber e construir dispositivos digitais que podem ser utilizados para obter dados de sensores e estes dados podem ser utilizados para controlar vários dispositivos e as suas operações.

Dispõem de um conjunto de pinos de E/S digitais e analógicos que podem ser programados para gerar sinais com a ajuda do ambiente de desenvolvimento integrado específico destas placas Arduino.

O papel do Arduino Uno neste projeto é obter dados dos sensores para obter dados sobre o sistema e estes dados são comparados com os valores definidos utilizando os programas que foram carregados no Arduino

Uno. Por exemplo, o programa pode ser utilizado para comparar a temperatura atual dos alimentos com o valor atual, de modo a que, assim que esta atinja o valor atual, o aparelho possa ser desligado e seja enviada uma notificação ao utilizador de que os alimentos estão prontos.

O zig bee envia os dados que são processados pelo Arduino para o módulo raspberry pi sem fios, de modo a que a localização dos sensores não seja limitada por problemas de cablagem. [6]

O Raspberry Pi é um computador do tamanho de um cartão de crédito, sem ecrã, teclado ou rato. Tem portas que se ligam a um monitor de computador ou TV, e podemos usar um teclado e um rato normais que podem ser ligados às portas USB. É muito capaz e está a tornar-se cada vez mais popular nos dias de hoje entre os amadores de eletrónica e no desenvolvimento de protótipos. Funciona com o software Open HAB, que é um servidor de código aberto concebido especificamente para aplicações de automatização.

Existem muitos tipos de sistemas e dispositivos no mercado e, para facilitar a interação entre estes dispositivos, precisamos de um meio-termo comum para falar. O servidor HAB aberto desempenha esse papel de tradutor entre sistemas que, de outra forma, não podem falar diretamente entre si.

É muito importante fazer a interface entre o Arduino e o zig bee, uma vez que os nossos dispositivos têm microcontroladores

2.1   Hardware a utilizar

Segue-se a lista do hardware que irei utilizar em todo o meu trabalho.

2.1.1 Sensores

Os sensores ou transdutores convertem vários tipos de energia em sinais eléctricos que podem ser utilizados para medir a presença ou a intensidade do fenómeno observado.

Os principais sensores a utilizar neste projeto incluem

- Sensor de temperatura

O sensor de temperatura, como o nome sugere, é utilizado para medir a temperatura. Converte a energia térmica em energia eléctrica e emite um sinal de corrente como saída.

No meu sistema, deve ser colocado no interior do forno, do frigorífico, da chaleira, etc., para medir a temperatura dos alimentos que estão a ser cozinhados, de modo a poder ser apresentado ao utilizador, que pode utilizar os dados para conhecer o estado dos alimentos.

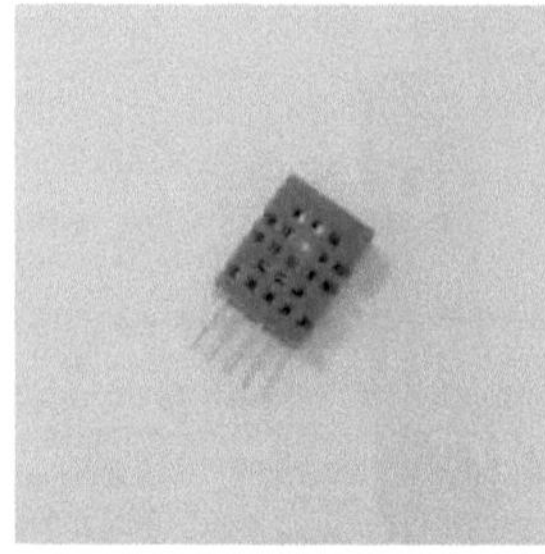

Figura 5 Sensor de temperatura DHT11

2.1.2 Arduino Uno

Este chip é produzido por uma empresa chamada Arduino, que é uma empresa de hardware e software de código aberto. Pode ser utilizado para conceber e construir dispositivos digitais que podem ser utilizados para obter dados de sensores e estes dados podem ser utilizados para controlar vários dispositivos e as suas operações.

Dispõem de um conjunto de pinos de E/S digitais e analógicos que podem ser programados para gerar sinais com a ajuda do ambiente de desenvolvimento integrado específico destas placas Arduino.

Papel no sistema

O papel do Arduino Uno neste projeto é obter dados dos sensores para obter dados sobre o sistema e estes dados são comparados com os valores definidos utilizando os programas que foram carregados no Arduino Uno. Por exemplo, o programa pode ser utilizado para comparar a temperatura atual dos alimentos com o valor atual, de modo a que, assim que esta atinja o valor atual, o aparelho possa ser desligado e seja enviada uma notificação ao utilizador de que os alimentos estão prontos.

2.1.3 Xbee

O Xbee é uma norma sem fios IEEE 802.15.4 que é muito eficiente em termos energéticos e é adequada para utilização na domótica pelas seguintes razões
- Baixo consumo de energia, um par de pilhas AA pode funcionar durante 1-2 anos

- tem um longo alcance (até 1000 m), uma vez que utiliza o encaminhamento em malha, em que cada dispositivo que utiliza o zig bee pode funcionar como um ponto de acesso

- Taxa de bits até 250 kbps, o que é largura de banda suficiente para enviar as informações necessárias através dos dispositivos na domótica.

Figura 6 XBee

Papel no sistema

O zig bee envia os dados que são processados pelo Arduino para o módulo raspberry pi sem fios, de modo a que a localização dos sensores não seja limitada por problemas de cablagem.

2.1.4 SERVIDOR ABERTO

Existem muitos tipos de sistemas e dispositivos no mercado e, para facilitar a interação entre estes dispositivos, precisamos de um meio-termo comum para falar. O servidor HAB aberto desempenha esse papel de tradutor entre sistemas que, de outra forma, não podem falar diretamente entre si. Nas fases iniciais da minha tese, pensei em utilizar este servidor, mas à medida que o desenvolvimento do projeto foi avançando, utilizei o servidor WAMP e servidores em linha para me ligar ao meu dispositivo Android.

O papel do servidor Wamp na minha tese consiste em estabelecer uma ligação ao anfitrião local, uma vez que a máquina pretende funcionar com códigos PHP. O meu SQL é utilizado com um script PHP, pelo que descarreguei o Wamp Server.

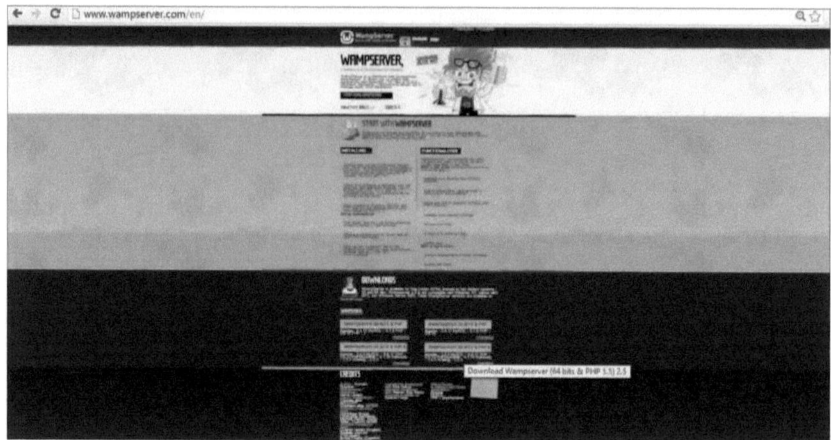

Figura 7 Transferência do servidor Wamp

Para isso vá ao Google >> digite Wamp server >> seleccione o sistema operativo que está a utilizar, eu seleccionei 64 bits de acordo com a configuração do meu computador. Clique em download" Clique no arquivo executável >> Instale o arquivo >> Após a instalação é feito.

Inicie o servidor Wamp, adicione scripts PHP e adicione a tabela da base de dados e o servidor estará pronto a funcionar.

CAPÍTULO 3

3. KOOL KITCHEN (APLICAÇÃO ANDROID)

Kool kitchen é o nome dado à aplicação android que vou criar, através da qual podemos controlar os aparelhos de cozinha, como o frigorífico, o micro-ondas e o fogão.

Concebi um logótipo para a Kool kitchen. A Kool kitchen está dividida em 3 subunidades designadas por

- Um frigorífico fantástico
- Fogão inteligente
- Micro-ondas principal

Assim que clicarmos no ícone da aplicação Kool kitchen, seremos levados para uma nova janela a partir da qual o utilizador pode escolher os dispositivos com que pretende trabalhar. O ecrã do utilizador é parecido com a imagem abaixo. Nas imagens, podemos ver os símbolos de todos os dispositivos inteligentes.

Para a aplicação androide, aprendi programação androide. A aplicação é feita no Android Studio com códigos java e xml. Para fazer o mesmo, o nosso computador deve ter o java jdk descarregado e, em seguida, podemos descarregar o Android Studio para trabalhar com ele.

Concebi um logótipo para a Kool kitchen, que pode ser visto na Figura 8, abaixo.

Figura 8 Ícone da Kool Kitchen

3.1 Desenvolvimento de aplicações

Para começar, é importante ter em conta que o android fest é o gestor principal dos ficheiros xml. Terá um conjunto de actividades que irão gerir a nossa aplicação. Assim que a aplicação é iniciada, o telemóvel não sabe o que fazer. O telefone procura o manifesto. O telefone irá procurar todas as actividades e propriedades chamadas launcher, agora o launcher é o ponto de partida da aplicação. Todas as outras actividades que não são a atividade principal e que têm definições por defeito não são definições do lançador. [7]

Três ficheiros muito importantes que, quando eu estava a criar uma aplicação android, deviam ser tratados: o ficheiro de manifesto, o ficheiro java e o layout. Sem trabalhar nestes ficheiros e sem conhecimento sobre estes ficheiros, nenhuma aplicação pode funcionar. Consulte a Figura 9 para compreender melhor o conceito.[8]

Figura 9 Três ficheiros importantes da aplicação Android

Todos estes ficheiros apresentados na figura 9 não constituem a fase inicial do desenvolvimento da aplicação, mas sim as fases posteriores, quando a aplicação está quase pronta para funcionar com todos os dados introduzidos.

3.1.1 Trabalhar com a atividade principal

O primeiro ecrã chama-se MainActivity, mas o utilizador pode alterar o seu nome. Para criar o projeto Kool kitchen, é necessário abrir o android studio e adicionar o nome à aplicação e o nome de domínio da empresa, que é uma instalação de pacote virtual, e clicar em Next (seguinte) para escolher a versão android. Para isso, no SDK Manger, na barra de ferramentas, o utilizador pode carregar todos os ficheiros. [9]

Aqui, o utilizador pode dar um nome à sua aplicação. Selecionar um pacote único e a localização onde pretende armazenar o projeto e mantê-lo na localização predefinida, uma vez que é fácil de encontrar a partir daí. Por isso, dei à minha aplicação o nome de Kool Kitchen. Assim, este será o nome que aparecerá no ecrã quando instalar a minha aplicação no telemóvel ou nos tablets. A figura ll mostra o logótipo e o nome que dei à minha aplicação.

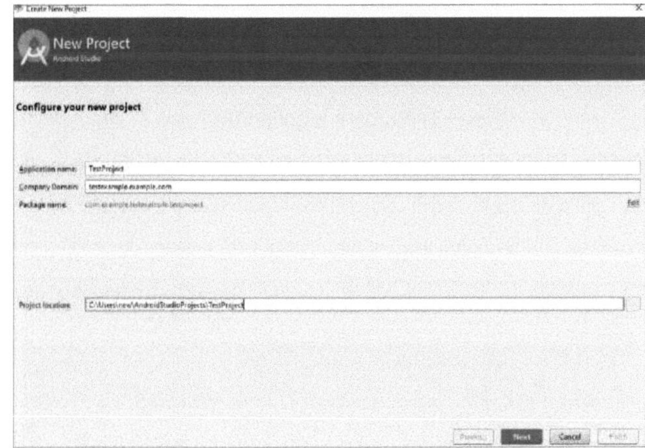

Figura lO Novo projeto Android

Figura 11 **Nome e logótipo da Appp**

A segunda janela que vejo quando clico em "Seguinte" é apresentada na figura 12 e, a partir dela, posso selecionar a versão do Android que quero utilizar, pelo que, para criar o Kool Kitchen, utilizei a versão Gingerbread do Android, que não é muito básica nem muito avançada e, quando verificada, 100% dos telemóveis e tablets conseguem trabalhar com esta versão, de acordo com o estado atual.

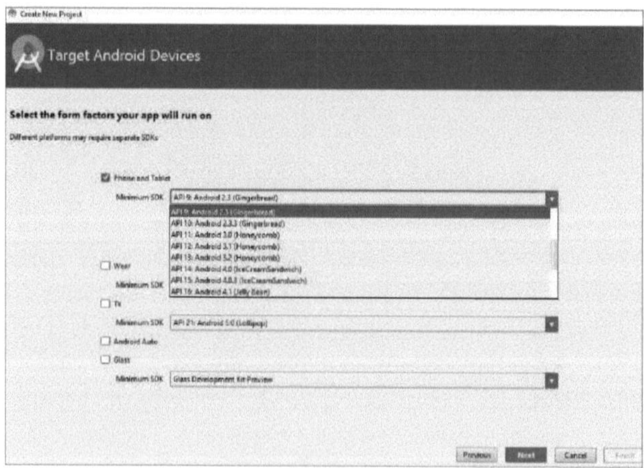

Figura 12 **Seleção da versão do Android**

É importante notar que, na imagem acima, só estou a trabalhar em telemóveis e tablets, pelo que deixei de lado os separadores "desgaste", "TV" e outros na janela. Quando cliquei em "Next" (Seguinte) na janela da figura 12, obtive outra janela que é mostrada na figura 13. Na figura 10, o utilizador tem a possibilidade de selecionar uma atividade preferida Atividade básica ao longo do meu projeto.

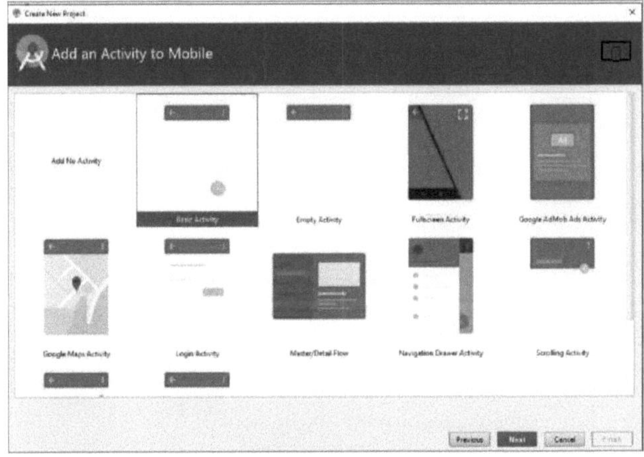

Figura 13 Adicionar atividade

Agora, na figura 13, vou mostrar como personalizar o nome das actividades e ir para a plataforma para trabalhar com ficheiros java e xml e fazer com que a atividade faça alguma coisa. E depois de escolher o nome da atividade, o título e o nome do layout, o utilizador pode clicar em "finish" (terminar) para deixar a atividade ser construída durante alguns minutos no Android Studio.

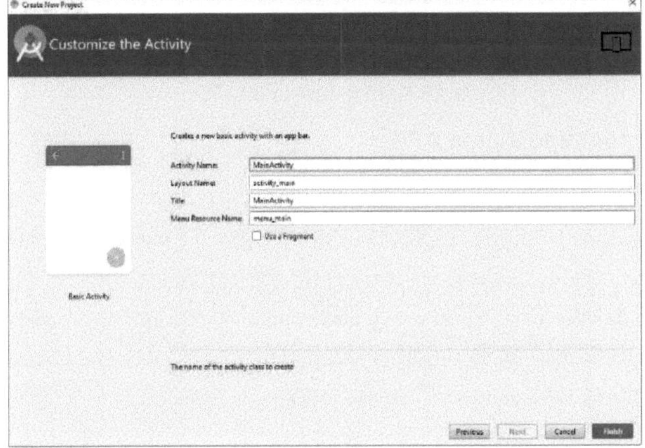

Figura 14 Personalizar atividade

3.2 Cozinha Kool

O exemplo anterior utilizou um nome de pacote e um nome de aplicação diferentes como Projeto de teste, o mesmo trabalho é feito para criar o Kool Kitchen e eu entro no Android Studio. Na figura 15, mostra-se o aspeto da primeira página da minha aplicação, por isso, para a tornar um pouco mais sofisticada e com bom aspeto, adicionei uma cor de fundo à minha aplicação. Neste caso, escolhi o amarelo. Assim, para dar a cor, devem ser indicados os valores hexadecimais da cor, como mostra a figura 15. Na pasta layout, há dois ficheiros content_main.xml e activity_main.xml e, no topo, o manifesto, que contém os dados de todas as actividades que vou adicionar.

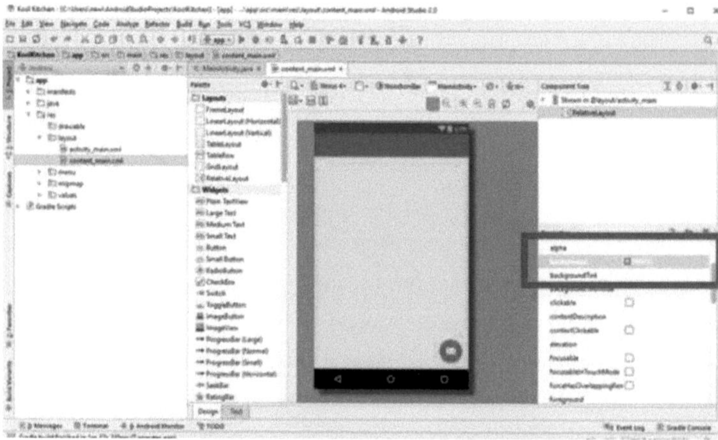

Figura 15 Antecedentes daAPP

3.2.1 Atribuir logótipo a uma APP

Antes de fazer qualquer coisa com a aplicação, dei um logótipo à minha aplicação, que mostrei na Figura 11.

Ir para o ficheiro de recursos >> clicar com o botão direito do rato em "novo" ativo de imagem >> selecionar imagem "verificar pasta" escolher configuração e, em seguida, clicar em terminar utilizei a configuração XHDI para melhorar o aspeto da minha aplicação no telemóvel.

Depois de o fazermos, podemos verificar a nossa aplicação, já verifiquei a minha aplicação e até agora tudo está a funcionar bem.

3.2.2 Adicionar botões de imagem à APP

Em primeiro lugar, as imagens que tenho de utilizar devem ser carregadas para a pasta Drawable com um tamanho adequado. Neste projeto, carreguei três imagens que são fantastic_fridge, smart_stove e master_microwave. Todas em minúsculas, pois o Drawable só permite ficheiros com minúsculas. Depois de ter todos os ficheiros no Drawable, preciso de criar três botões de imagem.

```
<ImageButton
    android:layout_width="wrap_content"
    android:layout_height="wrap_content"
    android:id="@+id/image_Button1"
    android:src="@drawable/fridge_click"
    android:layout_alignParentTop="true"
    android:layout_toRightOf="@+id/image_Button2"
    android:layout_toEndOf="@+id/image_Button2"
    android:onClick="callFridge" />
```

No design de texto do ficheiro content_main.xml, tenho de escrever este código. Aqui cada linha escrita no código tem o seu significado, vou explicar cada uma delas. Antes de mais, preciso de um botão de imagem, por isso, abra <ImageButton/>

A altura e a largura do botão de imagem podem ser definidas pelo utilizador

```
android:layout_width="wrap_content"
    android:layout_height="wrap_content"
```

Cada botão deve ter uma identificação única a partir da qual pode ser chamado no ficheiro principal do Java e no manifesto.

```
android:id="@+id/image_Button1"
```

A fonte do meu botão de imagem, como explicado acima, é do Drawable, portanto
```
android:src="@drawable/fridge_click"
```

O que está em baixo não é nada, apenas a posição de alinhamento do interrutor que diz que está no topo, à direita de image_Button2 e quando termina, o botão 2 da imagem começa a partir daí.

```
android:layout_alignParentTop="true"
    android:layout_toRightOf="@+id/image_Button2"
    android:layout_toEndOf="@+id/image_Button2"
```

O segundo passo é dar um nome a esta imagem Buttonjust para melhorar o aspeto da aplicação. E, para isso, tenho de escrever código no ficheiro xml. Note-se que, nestes casos, estamos a trabalhar em duas vistas: a vista de desenho e a vista de texto. Os códigos são escritos em xml na vista de texto e as imagens são arrastadas, largadas e alinhadas na vista de design.

```
<TextView
    android:layout_width="wrap_content"

android:layout_height="wrap_content"
android:textAppearance="?android:attr/textAppearanceLarge"
android:text="FRIDGE"
android:id="@+id/textView"
android:textStyle="bold"
android:layout_alignBottom="@+id/image_Button1"
android:layout_alignLeft="@+id/textView3"
android:layout_alignStart="@+id/textView3" />
```

O acima descrito é quase igual ao botão de imagem, no entanto, em vez de mostrar a mensagem sob a forma de imagem, utilizei texto, pelo que este texto será visto na imagem quando o utilizador vir a interface completa.

```
android:text="FRIDGE"
```

Assim, quando os códigos para os três botões forem adicionados, posso ver as imagens abaixo no telemóvel ou na vista de desenho. O código completo será apresentado no Apêndice 1.

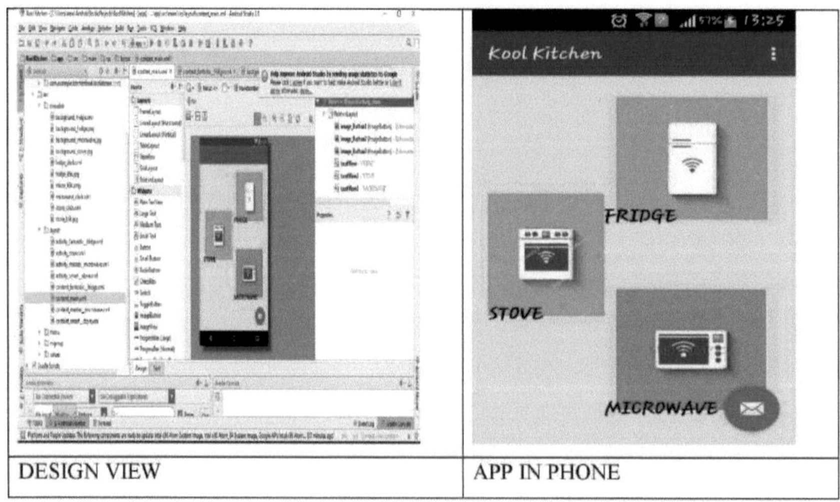

Figura 16 Adicionar botões de imagem

3.2.1 Adicionar três actividades à aplicação

Adicionar 3 actividades ao android significa que, quando o utilizador clicar em cada botão, deve abrir uma nova atividade ou, em linguagem simples, uma nova página. Para abrir qualquer nova atividade, o utilizador tem de criar três novos layouts para que seja como App "New>> Activity "Basic activity.

Isto irá adicionar uma classe java e um ficheiro xml para que o utilizador possa trabalhar nele

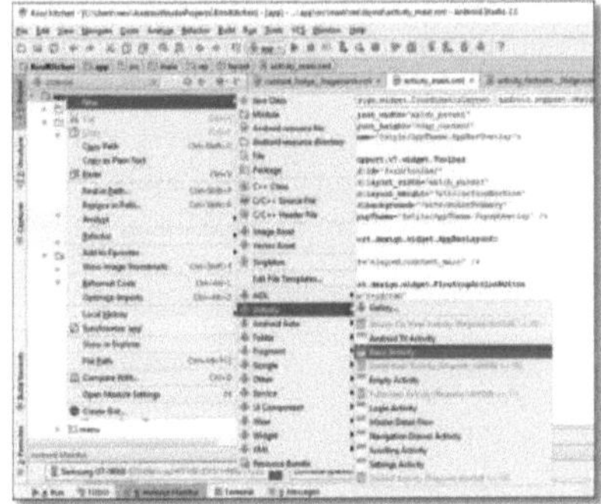

Figura 17 Criar uma nova atividade

3.2.2 Abrir actividades a partir de botões

Para isso, criei métodos de clique para os botões acima definidos, que podem ser consultados no Apêndice 1. Assim, o método de clique é definido nos ficheiros xml, mas é chamado no código java. Os ficheiros xml e outros tipos de design serão explicados em pormenor com a programação SQL e as bases de dados.

3.3 Carregamento de dados do Android para o servidor (bases de dados)

O Android vem efetivamente com a base de dados. Para estabelecer uma ligação entre o cliente e o servidor, utilizarei a linguagem PHP e, em primeiro lugar, explicarei a relação entre o cliente e o servidor, o que ajudará a compreender melhor o meu trabalho. Do lado do cliente, digamos que o PC que está ligado ao telefone tem ficheiros Java e xml e, do lado do servidor, tenho .NET ou PHP, pelo que o funcionamento é o seguinte: o cliente envia dados para o servidor e o servidor processa esses dados e envia-os de volta para o cliente na mesma linguagem que o cliente está a utilizar. O servidor é capaz de lidar com tarefas muito mais complexas e de as devolver ao cliente em HTML. [Vamos verificar o que temos no sítio do servidor. É um bloco que tem basicamente 3 campos importantes.

O servidor Wamp é o software que instalei para criar o meu próprio cliente. O PHP do meu administrador é a interface do utilizador para a minha base de dados SQL. Depois de fazer o download, o utilizador pode iniciar o servidor Wamp e verificar o estado se tudo está a funcionar bem e se o servidor está pronto para se ligar ao cliente

Primeiro, temos de criar uma base de dados na minha base de dados SQL. Para isso, no browser, digitei "local host". Aparecerá o servidor Wamp, que é a página inicial do servidor Wamp. Aqui é possível criar uma base de dados. Para isso, clique em phpMyAdminl" a partir desta interface é possível gerir bases de dados em mysql

Figura 18 Ligação com o localhost

Em primeiro lugar, vou ligar o meu frigorífico inteligente a bases de dados, para o que vou utilizar o JASON. O JASON é o mecanismo de intercâmbio de dados mais utilizado na aplicação android. O formato do JASON é facilmente lido por humanos. Mais importante ainda, o JASON é um formato de texto e é suportado por todas as linguagens de programação. O JASON baseia-se em duas estruturas: um objeto e uma matriz. Como todas as outras linguagens de programação. O JASON é a linguagem de análise mais utilizada na aplicação androide. Agora, como quero que o meu frigorífico recolha alguns dados das bases de dados e os envie para as bases de dados, vou fazê-lo através do JASON. [11]

O frigorífico fantástico, tal como referido anteriormente, tem duas características principais: as datas de validade do artigo e o peso do artigo.

Para tal, é necessário ligar a uma base de dados em linha. Para isso, preciso de espaço no servidor, de um nome de domínio e de uma aplicação android para comunicar com a base de dados. Primeiro, configurar o servidor e obter um nome de domínio. Muitos sítios Web fornecem alojamento PHP gratuito e muitos deles fornecem também um nome de domínio gratuito.

O domínio criado online é http://koolkitchen.comxa.com/

Para criar a base de dados em linha, utilizei o OOOwebhost, que é fácil e gratuito. A base de dados criada em linha é designada por item e a tabela criada na base de dados é designada por product_info

Figura 19 Base de dados SQL online

No lado esquerdo da Figura 19, são apresentadas todas as informações úteis, como o nome do servidor, o anfitrião, o endereço IP, etc.

$mysql_host="mysql9.000webhost.com";

$mysql_database="a7647856_ITEM";

$mysql_user ="a7647856_INFO";

$mysql_password="jesus099"

Domaian name :http://koolkitchen.comxa.com/

Estas informações serão utilizadas mais tarde pelo sistema android para estabelecer uma ligação sem fios. Por isso, na tabela, adicionei dois campos, que são o item e a data de expiração. Como o item é um carácter variável, o tipo é dado como Varchar e a data de expiração é uma Data, pelo que o tipo da tabela é dado como data de anúncio.

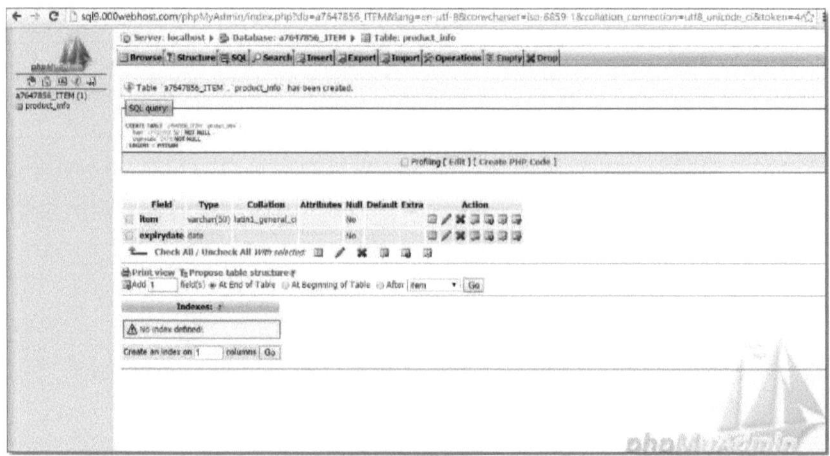

Figura 20 **Tabela na base de dados**

Na imagem acima, Figura 20, vemos que a tabela está vazia, por isso, se eu quiser adicionar dados ao servidor manualmente, primeiro tenho de adicionar alguns scripts PHP, uma vez que este servidor funciona com scripts PHP.

Para estabelecer a ligação, utilizei um script, riva.php, que é apresentado em seguida.

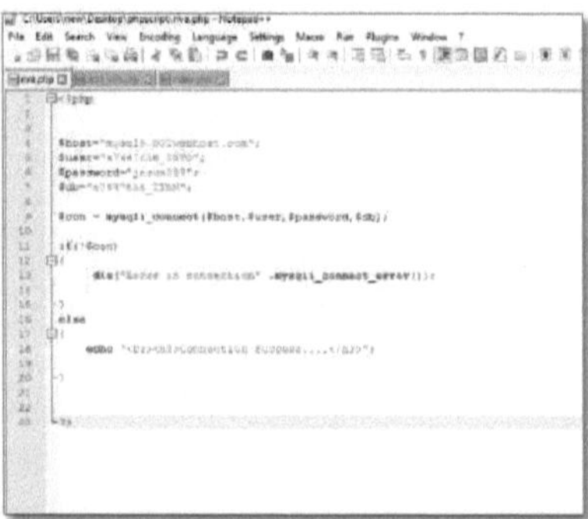

Figura 21 **Script PHP (riva.php)**

Este script PHP deve ser adicionado às bases de dados online. Para adicionar o script, vá a phpMyAdmin "File manager "upload "New "choose file >>select the check Button.

Da mesma forma, outros ficheiros Add_info.php e index.php são adicionados ao servidor. Estes códigos são apresentados nos Apêndices 6 e 7, respetivamente. Quando todos os ficheiros tiverem sido adicionados ao servidor, posso verificar e adicionar manualmente uma tabela ao meu servidor. Adicionei o item apple, cuja data de expiração é 23rd May, 2016.

Figura 22 Inserção manual de dados

Para ligar o androide ao servidor web, utilizei códigos java e xml no androide. Como esta atividade será aberta a partir da atividade do frigorífico, adicionei uma atividade que se chama Fridge_Fragment. Para a tarefa de fundo no Fridge_Fragment, pode consultar-se o Apêndice 8 para os códigos java. Para o explicar, comecei por trabalhar numa atividade chamada "Frigorífico fantástico", na qual adicionei dois botões e um campo de texto para mostrar a conetividade da rede. Assim, na Figura 23, podemos ver o frigorífico fantástico e também os códigos xml para a atividade, que são apresentados no Apêndice 9.

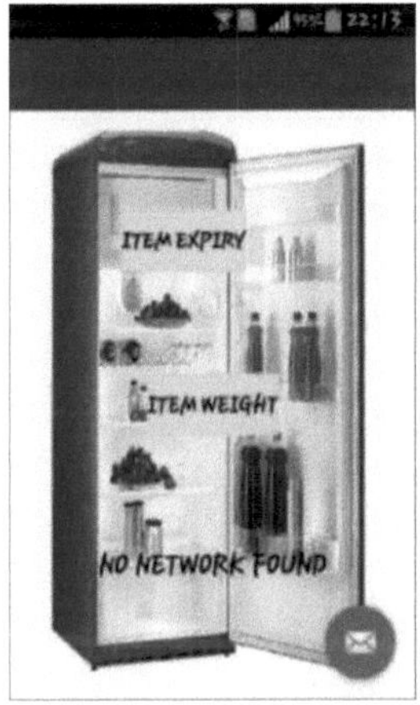

Figura 23 Atividade do Fantastic_Fridge

O que é importante ter em conta é que há dois botões com os seus ids e o método onclick adicionado ao botão que é o botão ITEMEXPIRY.

Quando o utilizador clica no prazo de validade do artigo, é aberta uma nova atividade, que é Fridge_Fragament, e aí adicionei o artigo como coalhada e a data de validade como 2016-06-16.

```
<uses-permissionandroid:name="android.permission.INTERNET"/>

<uses-permissionandroid:name="android.permission.ACCESS_NETWORK_STATE"></uses-permission>
```

O código acima é o exemplo de como a permissão de internet é dada ao android. Também na Figura 24, veremos a aplicação Android a enviar efetivamente dados para o SQL online

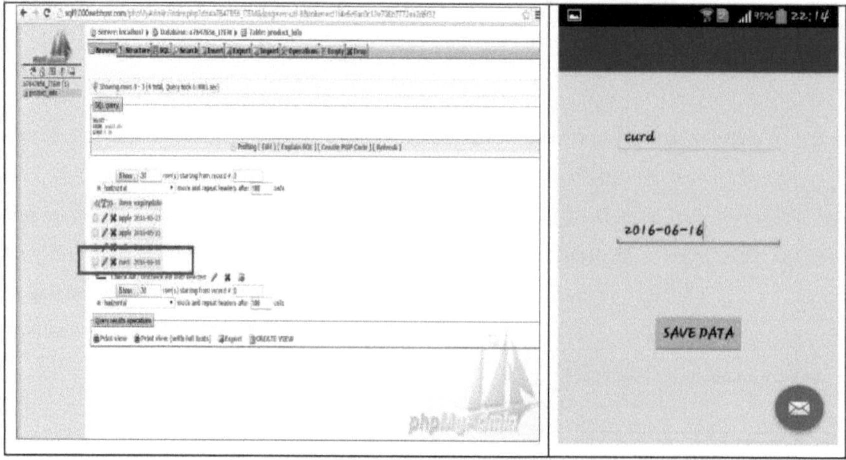

Figura 24 Adicionar dados do android ao SQL em linha

CAPÍTULO 4

4. SISTEMA MODELADO FEITO PARA O SISTEMA DE DOMÓTICA

Para modelar o sistema doméstico, a primeira coisa que tenho de fazer é estabelecer a ligação entre o Arduino e o sensor. No sistema de domótica modelado, que apresento a seguir, temos um PC doméstico no qual o processamento de dados é efectuado constantemente, uma vez que o utilizador não pode utilizar o telemóvel a toda a hora.

Precisamos de um sistema caseiro para processar e guardar dados. Outra alteração que fiz aqui é que todos os dispositivos estão ligados a microcontroladores e estão em contacto uns com os outros e depois são ligados aos telemóveis. Este será utilizado para otimizar a energia. Assim, a ideia completa da Cozinha Automática será posta em prática. Aqui, os dados serão guardados e processados, uma vez que o utilizador não pode utilizar o telemóvel durante todo o tempo em que o sistema necessita de um hub central para recolher, guardar e processar dados, de modo a que o utilizador receba uma mensagem de erro se o funcionamento não for adequado para qualquer sistema. Por conseguinte, o trabalho divide-se em três partes principais: a criação de uma aplicação para Android. A aplicação deve descarregar os dados do servidor. Ligar sensores a microcontroladores e obter dados em tempo real e carregar dados para o servidor.

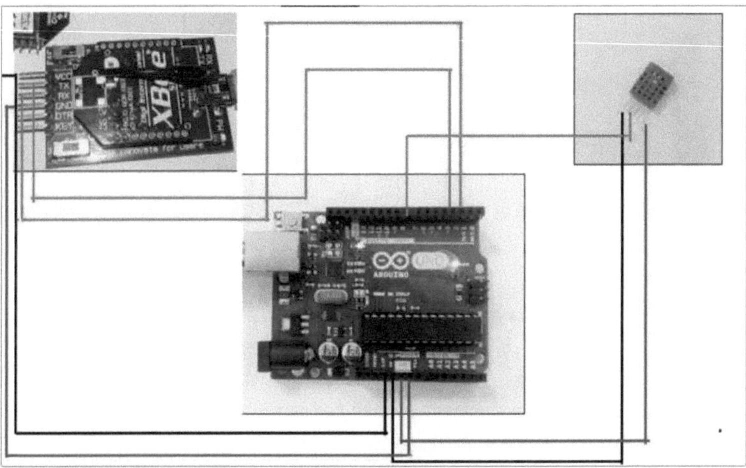

Figura 25 Ligações necessárias do sistema de lar modelo

4.1 Ligação do Arduino ao sensor

O sensor que estou a utilizar aqui é um sensor de temperatura e humidade que é o DHTll.lt tem duas partes principais: um sensor de humidade capacitivo e um termistor. É mais barato e está facilmente disponível. Também se pode utilizar um sensor semelhante, o DHT22, que é um pouco mais preciso nos resultados. Na prática, o DHTll não pode funcionar em gamas de temperatura superiores a 50°C, mas no meu protótipo utilizei este sensor. Para intervalos de temperatura mais elevados, prefiro o DHT22

É um sensor digital de temperatura e humidade. Assim, para fazer as ligações com o Arduino Uno e o sensor, precisamos de conhecer todos os pinos de ambos e ligar esses pinos e depois ligar o Arduino ao PC. E então um código deve ser escrito no Arduino para obter a saída necessária. Se eu começar a explicá-lo da direita para a esquerda, ele é mostrado na Figura 26.

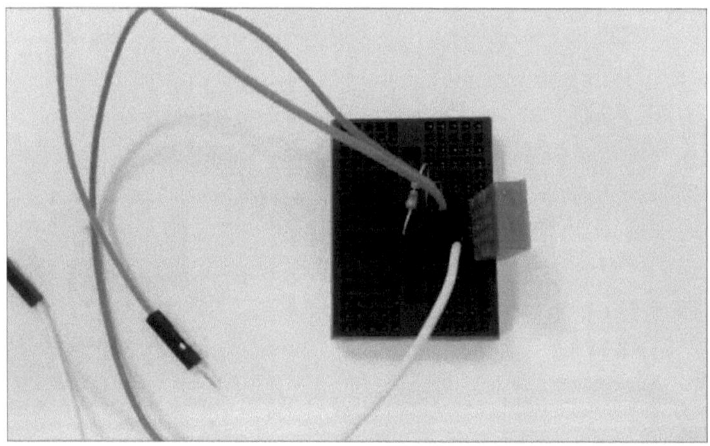

Figura 26 Ligações do sensor DHT11

Detalhes técnicos do sensor [12]

- Baixo custo
- Alimentação 3a5V e E/S
- 2,5 mA de corrente máxima durante a conversão (enquanto solicita dados)
- Bom para leituras de humidade de 20-80% com uma precisão de 5%
- Bom para leituras de temperatura de 0-50°C ±2°C de exatidão
- Taxa de amostragem não superior a 1 Hz (uma vez por segundo)
- Tamanho do corpo15,5mmx 12mmx 5,5mm

- 4 pinos com espaçamento de 0,1

A ligação final seria parecida com a imagem abaixo, mostrada na Figura 27.

Figura 27 Ligação entre o Arduino e o sensor

Como vou trabalhar com o Arduino, devo saber como trabalhar com ele, por isso, com o básico, comecei a explicá-lo aqui. Então, o hardware do Arduino é o que eu vou ver e dar uma visão bastante geral. É de código aberto, o que significa que todos os ficheiros de design da placa são tornados públicos, pelo que qualquer pessoa pode ir e fazer os seus próprios clones do Arduino, pelo que o nosso Arduino tem um cabeçalho de pinos digitais que é uma linha de plástico com um monte de orifícios e números escritos ao lado e os números são de 0 a 13 e os pinos são Ground. Estes dão acesso ao chip que está por baixo. Os pinos podem ser utilizados como entrada ou saída, por exemplo, podem aplicar uma tensão de 5 volts. Se olharmos atentamente para a placa, encontraremos LEDS transmissores e receptores, pelo que, quando carregarmos os dados, estes pinos funcionarão eficazmente. Existem 6 cabeçalhos de pinos analógicos na placa Arduino marcados de 0 a 6. Outro cabeçalho aqui é 3.3V que significa 3.3 volts e 5V que significa 5 volts. Outro botão importante é o botão de reset quando eu pressiono esse botão, o Arduino vai começar do início do programa. Não vai apagar o código que escrevemos, mas vai reiniciar. Outra forma de reiniciar a placa é aplicar 0 volts ao botão de reset, que se encontra junto a 3,3V. A placa Arduino pode ser alimentada por uma bateria externa ou por um cabo USB, mas sempre que a placa estiver ligada veremos a luz LED ON.

Figura 28 Arduino utilizado

Uma das melhores coisas do Arduino é a facilidade com que se pode começar. O software é totalmente gratuito e o design é totalmente gratuito. Para instalar o Arduino no computador >> Ir para o Browser >> Página inicial do Arduino >> arduino.cc (deve ser visto no topo) >> Ir para downloads >> selecionar o sistema operativo.

O Arduino pode guardar este ficheiro nas aplicações, para que seja fácil de utilizar sempre que o quiser utilizar a seguir.

C:\Users\new\Documents\Arduino.Quando abri o meu IDE pela primeira vez foi isso que obtive na Figura 29 abaixo.

Figura 29 Esboço do Arduino

Como discutido na secção para fazer a ligação entre o Arduino e o sensor, todos os pinos devem ser conhecidos corretamente, utilizaram o DHT11 com o mesmo método que se pode utilizar o DHT22. Assim, quatro pinos saem do meu sensor e eu liguei o primeiro pino à esquerda do sensor a 5 V do Arduino. O segundo passo é ligar uma resistência de 10KQ entre o primeiro pino e o segundo pino da esquerda. O truque aqui é que um lado do sensor tem um orifício e o outro lado não tem orifícios ou verificações, pelo que o lado com orifícios deve estar virado para o utilizador. Seguindo o segundo pino com a resistência e ligando-o ao pino número 2 do Arduino. O terceiro pino é deixado sozinho e o quarto pino é ligado à terra. O código completo do Arduino é apresentado no Apêndice 10.

Figura 30 Ligação do Arduino e do sensor

É evidente que a temperatura está a aumentar e a diminuir para obter a saída adequada. Coloquei um saco de gelo perto do sensor para que a temperatura descesse para 20°C e subisse para 30°C. Fiz um vídeo de atualização de dados e vou mostrá-lo na apresentação.

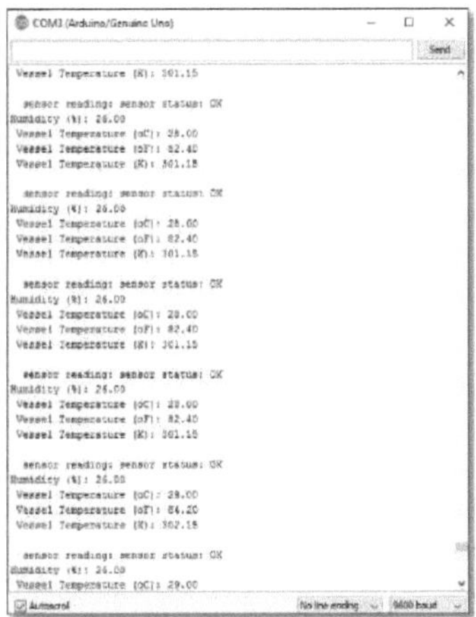

Figura 31 Saída do sensor

4.2 Arduino para PC através de 2 XBees

Agora que estou a obter dados do sensor para o Arduino, o próximo passo lógico é trabalhar no envio destes dados sem fios através de XBees

O Xbee é um módulo sem fios, tal como referido na secção anterior, que utiliza aplicações de baixa potência de radiofrequência, podendo ser utilizado como transmissor ou recetor. A comunicação utilizada para enviar e receber dados é de série. Nesta secção, vou falar mais sobre o funcionamento da tecnologia. Por isso, porque é que estou a utilizar o ziguezague para trabalhar, uma vez que tem um alcance superior ao de outros módulos sem fios. Antes de escrever o procedimento sobre o Xbee, há algumas coisas importantes que preciso de acrescentar sobre o Xbee. O Xbee é um microcontrolador sem fios fabricado pela digi.it que utiliza o protocolo 802.14.5. É utilizado para comunicar entre dois rádios sem fios. É composto por 20 pinos e uma pequena antena. Tem 11 pinos I/o digitais e 4 pinos analógicos. Estou a utilizar o Xbee S1 que requer 3,3 V e tem um alcance interior de 40 metros e uma linha de alcance de cerca de 120 metros. Utiliza uma frequência de 2,4 Gigahertz. Uma caraterística importante do Xbee é que pode interagir com o Arduino muito facilmente

É interessante notar como pode ser utilizado na rede, de modo a que se decida que um Xbee coordenador apenas um Xbee pode ser utilizado como Xbee coordenador e os outros Xbees podem ser utilizados como encaminhadores ou pontos finais que defendem a definição da rede.

No modo AT, a comunicação é efectuada através do Xbee. No modo API, é possível ligar o Xbee para receber e transmitir dados através do próprio Xbee. Utilizei um cabo USB para ligar o meu Xbee ao computador, mas não utilizei um cabo FTDI.

Assim, para configurar dois XBees estou a utilizar um software fornecido pela Digi X-CTU. Este software está facilmente disponível na Internet e é compatível tanto com Windows como com Mac. Para configurar e testar a comunicação de série em dois Xbees, pode-se usar o mesmo computador ou um computador diferente.

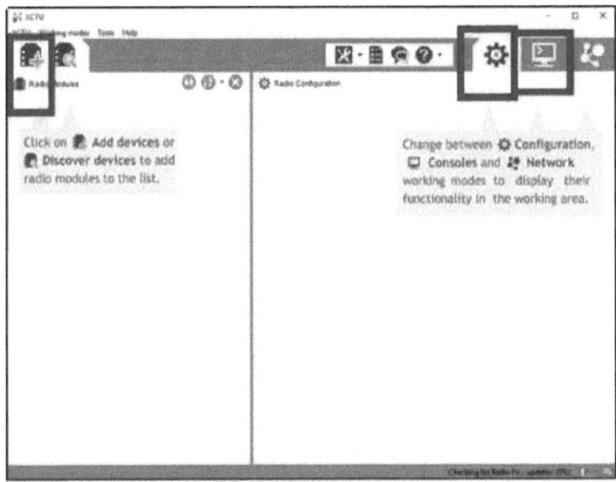

Figura 32 Software X-CTU

O símbolo do lado esquerdo serve para adicionar dispositivos, denominado as: Add device icon (ícone de adicionar dispositivo), clicando nele consegui ligar o Xbees ao meu computador para o poder configurar [13].

Para já, liguei um XBee ao meu computador e, ao clicar no ícone Add device (Adicionar dispositivo), aparece a caixa de diálogo apresentada na Figura 33, onde se pode verificar a taxa de transmissão e a paridade. Depois de verificar todas as propriedades, cliquei em "finished" (concluído) para que este dispositivo fosse adicionado à X-CTU.

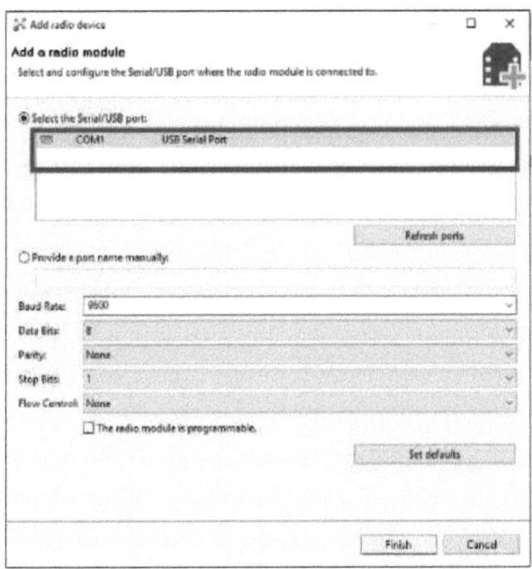

Figura 33 Adicionar dispositivo à X-CTU

Agora clique no dispositivo recém-adicionado no lado esquerdo, quando eu tiver clicado ele começa a ler as informações e leva-me para a próxima caixa de diálogo que é mostrada na Figura 34. No dispositivo de parâmetros eu verifiquei PAN Ids é importante tomar nota se eu quiser que dois Xbees comuniquem um com o outro eu preciso do mesmo PAN Ids. Então eu dei PAN id como 1234 da mesma forma quando configurar o próximo Xbee eu tenho que ter certeza que ele está usando o mesmo PAN Id

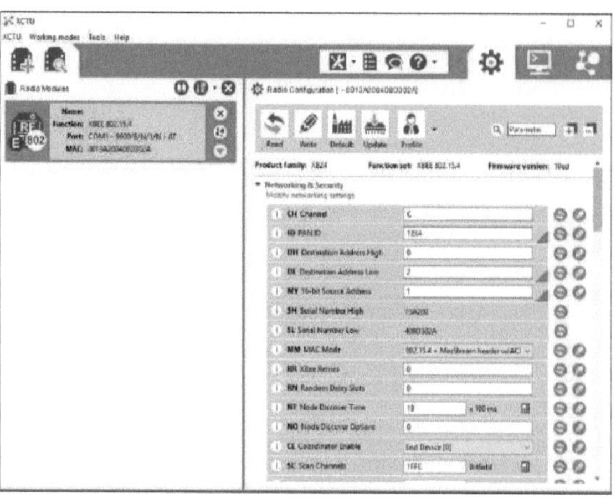

Figura 34 **Parâmetros do dispositivo adicionado**

E para adicionar o segundo dispositivo pode-se usar qualquer outro computador no qual o X-CTU esteja instalado ou usar o mesmo computador e qualquer outra porta. A repetição de todos os passos acima descritos ajudará o utilizador a configurar o segundo XBee. Assim que ligarmos o próximo Xbee e clicarmos na opção Add devices (Adicionar dispositivos), este começará a ler o novo dispositivo no computador e também a atribuir-lhe uma COM PORT (porta COM) e, neste caso, é-lhe atribuída a COM 3.

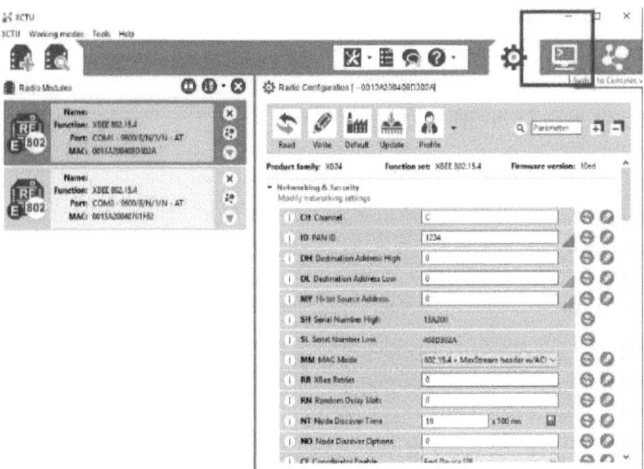

Figura 35 Efetuar a ligação

Para estabelecer as ligações, fiz clique no interrutor de ligação designado por Open (Abrir) a verde.

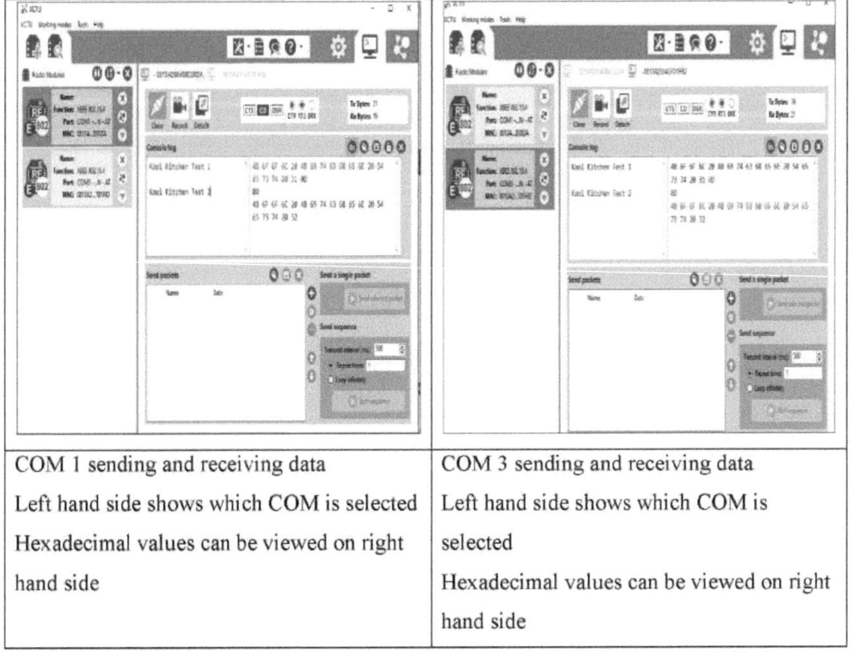

COM 1 sending and receiving data	COM 3 sending and receiving data
Left hand side shows which COM is selected	Left hand side shows which COM is selected
Hexadecimal values can be viewed on right hand side	Hexadecimal values can be viewed on right hand side

Figura 36 Dispositivos em comunicação

Os XBees são fantásticos pelo facto de serem extremamente - e sem esforço - configuráveis. A maior parte das configurações do XBee se resume a controlar com quais XBees diferentes ele pode conversar. Nesta página, demonstraremos os métodos geralmente aceites para organizar três das configurações XBee mais essenciais que existem: PAN ID, MY location e endereço de destino.

Existem alguns níveis nos sistemas XBee. Para começar, há o canal. Este controla a banda de recorrência que o seu XBee transmite. A maioria dos XBee funciona na banda 2.4GHz 802.15.4, e o canal alinha ainda mais a recorrência de trabalho dentro dessa banda. Pode, na maior parte dos casos, permitir que a definição do canal não seja incomodada, ou possivelmente garantir que cada XBee que precisa de ter no mesmo sistema funcione no mesmo canal.

O nível seguinte de um sistema XBee é o ID do sistema da região individual (PAN ID). O ID do sistema é uma qualidade hexadecimal algures entre 0 e OxFFFF. Os XBees só podem falar uns com os outros se tiverem o mesmo ID de sistema. Como existem 65536 IDs concebíveis, há um pequeno risco de que o seu vizinho trabalhe no mesmo sistema (desde que o altere do padrão!).

Por fim, há os endereços MY e de destino. A cada XBee de um sistema deve ser atribuído um endereço de 16 bits (mais uma vez algures entre 0 e OxFFFF), que é designado por MY location, ou endereço de "origem". Uma outra definição, o endereço de destino, determina para que endereço de origem um XBee pode enviar informação. Para que um XBee tenha a capacidade de enviar informações para outro, ele deve ter o mesmo endereço de destino que a fonte do outro XBee.

Por exemplo, se o XBee 1 tiver uma localização MY de 0x1234, e o XBee 2 tiver uma localização de destino proporcional de 0x1234, então o XBee 2 pode enviar informações para o XBee 1. No entanto, se o XBee 2 tiver uma localização MY de 0x5201, e o XBee 1 tiver uma localização de destino de 0x5200, então o XBee 1 não pode enviar informações para o XBee 2. Para esta situação, é activada a correspondência stand out way entre os dois XBee's (só o XBee 2 pode enviar informação ao XBee 1) [8].

Como já forneci IDs PAN únicos à minha escolha, estou a trabalhar noutros parâmetros de comunicação, como MY Address (MY). Agora é altura de trabalhar noutros parâmetros de comunicação, como o MY Address (MY), uma vez que estou a utilizar dois Xbees, pelo que qualquer um deles pode ser utilizado como 0 e o outro como 1.

O endereço de destino define com que XBee o XBee de origem está a falar. Na verdade, há dois valores usados para definir o destino: destino alto (DH) e destino baixo (DL). Pode usar esse par de valores de duas maneiras para definir o companheiro do seu XBee:

1. Deixe DH definido para 0 e defina DL para o endereço MY do XBee recetor.

2. Defina DH para o número de série alto (SH) e DL para o número de série baixo (SL) do seu XBee de destino[8].

Assim, neste caso, o meu Xbee recetor está em C0M1 e COM3 é o meu Xbee emissor.

E para configurar os dois Xbees Consulte a Tabela 1.

Tabela 1 **Configuração de dois Xbees**

	XBEE 1	XBEE 2
CH	C	C
ID	1234	1234
DH	0	0
DL	1	0
MY	0	1

Por isso, agora que me certifiquei de que as Xbees estão a comunicar entre si, vou fazer a deteção remota. Para a comunicação em série, adicionei um código no Arduino, que é apresentado no Apêndice ll. O hardware utilizado para estabelecer esta ligação é o Arduino Uno, não utilizei escudos nas minhas demonstrações porque não preciso de um. 2 Xbees, uma vez que utilizei a série SI com antena e o escudo XBee para ligar as Xbees. Também utilizei cabos USB mini-B para fazer a ligação. O software a utilizar é o X-CTU. A ligação entre o Arduino e o XBee pode ser vista na Figura 37.

A ligação é visualizada abaixo

3.3v to VCC (At XBee)

GND to GND (At XBee)

D03 to TX (At XBee)

D02 to RX (At XBee)

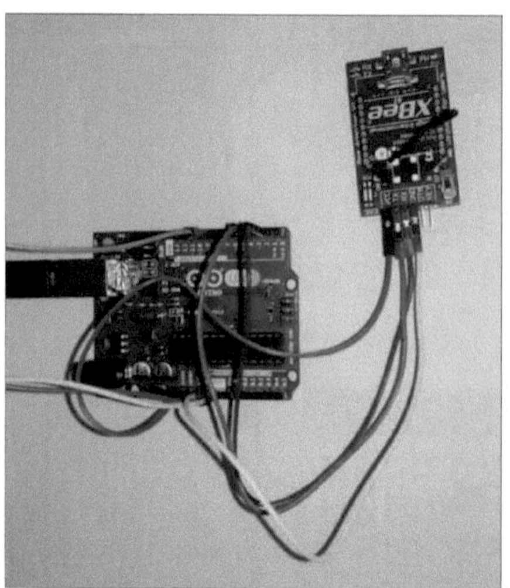

Figura 37 Ligação entre o XBee e o Arduino

Agora, para dar entradas ao Arduino, utilizei o mesmo sensor de temperatura DHT11 e a ligação é feita e mostrada na Figura 38. Também liguei o Arduino para verificar se o Xbee e o Arduino estão a funcionar. Aqui, o que tenho é um XBee ligado ao Arduino e o Arduino está a receber dados do sensor de temperatura e depois envia esses dados sem fios através de outro Xbee. O sensor tem 4 pinos

Pin 1 Vcc

Pin 2 Data Input

Pin 3 not in use

Pin 4 GND

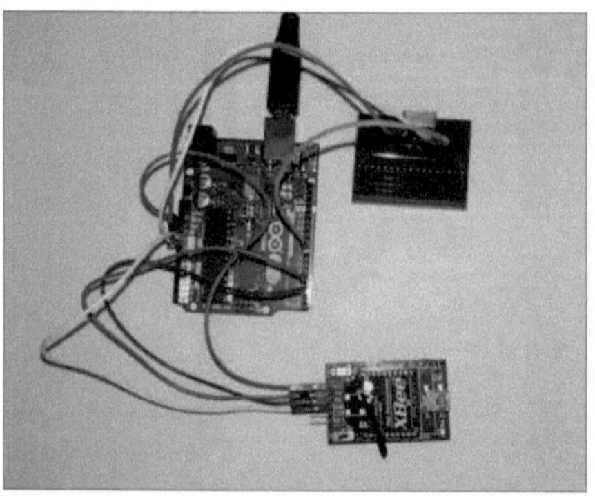

Figura 38 Ligação completa entre o Arduino Xbee e o sensor

A ligação pode ser visualizada na Figura 39. Por isso, o mais importante é ver isto para dar entrada ao pino D8 do sensor, de modo a alimentar o Xbee com uma fonte de alimentação de 3,3 volts e ligar o TX e o RX a D3 e D2, respetivamente.

Figura 39 Ligação completa

Depois de ter transferido o código, siga este conjunto de empreendimentos para verificar se tudo está a funcionar:

1.   Abra o Monitor de série do Arduino. Certifique-se de que a taxa de transmissão está definida para 9600.

2.   Mudar para a XCTU e passar para o modo de tranquilização.

3.   Escreva algo na vista de consola, que deverá aparecer no Monitor de Série.

3.   Escreva algo no Monitor de Série (e prima "Enviar"), que deverá aparecer na vista da consola. [14]

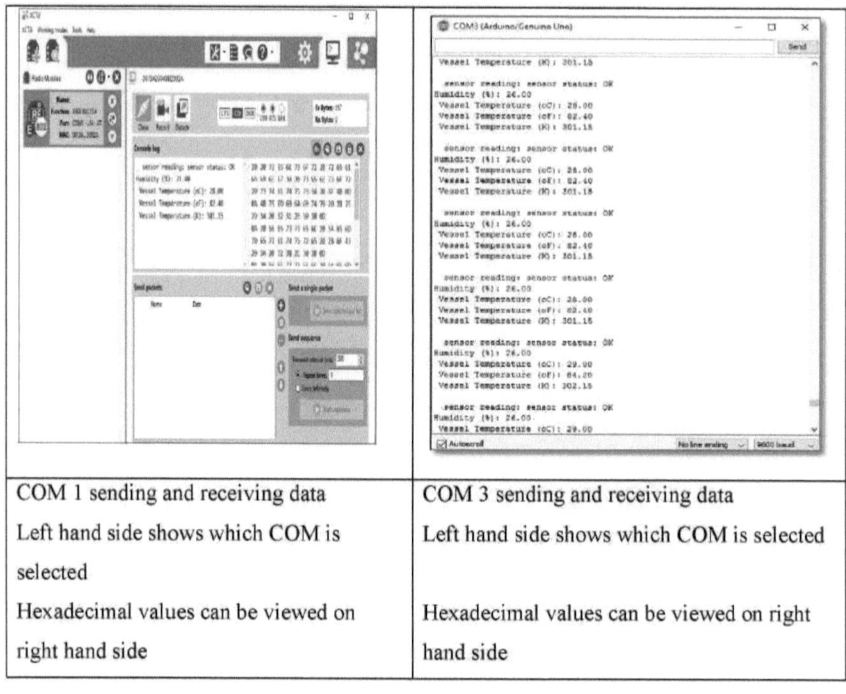

COM 1 sending and receiving data	COM 3 sending and receiving data
Left hand side shows which COM is selected	Left hand side shows which COM is selected
Hexadecimal values can be viewed on right hand side	Hexadecimal values can be viewed on right hand side

Figura 40 Deteção remota

5. MODELAÇÃO EM MATLAB

Estou a utilizar o MATLAB neste projeto porque deve ser feita uma verificação constante de todos os dispositivos e, para isso, vou criar um pequeno protótipo para o computador de deteção. Como nos exemplos acima, usei o sensor de temperatura DHT11, usarei apenas o mesmo sensor de temperatura. E uma interface de MATLAB, Arduino e sensor de temperatura será mostrada aqui. A folha de dados especifica que o DHT11 produz 40 bits de informação. Ele contém 8 bits de dados RH fundamentais + 8 bits de dados RH decimais + 8 bits de dados de temperatura integral + 8 bits de dados de temperatura decimal + 8 bits de verificação total. Para mais informações, consultar a ficha de dados. A biblioteca para o sensor DHT11 está acessível nos activos. Incluir a biblioteca da seguinte forma "C:\Program Files (x86)\Arduino\libraries\DHT11" (Para o meu computador). [15]

Para fazer as ligações, utilizei a mesma ligação entre o Arduino e o sensor para obter dados de temperatura e de humidade com o MATLAB. Nesta demonstração, vou obter gráficos que podem ser guardados mais tarde no servidor para comparação e gestão de riscos. Assim, o código escrito em MATLAB pode ser visto no Apêndice 12 e o código escrito para o Arduino pode ser visto no Apêndice 13. Consulte também o gráfico da Figura 41. Além disso, como a temperatura ambiente estava a ficar constante, para parecer real e fazer algum trabalho, mantive novamente um saco de gelo perto do meu sensor para mostrar a variação dos dados.

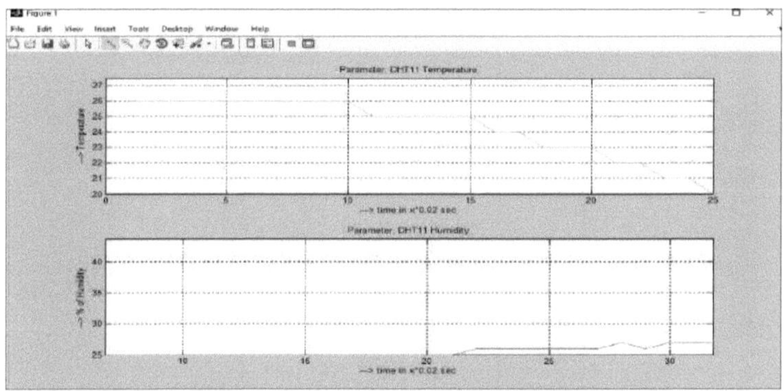

Figura 41 Gráfico de temperatura e humidade

Fiz a ilustração acima para mostrar que o sensor de temperatura pode sentir a temperatura constantemente e guarda esses dados no Hub central onde estou a usar o MATLAB para que os dados possam ser monitorizados constantemente.

5.1 Modelo Simulink

Para que o meu fogão funcione através do MATLAB, criei um Simulink.

Mas a questão que se coloca é como é que isto vai funcionar no final. Vou ligar este modelo Simulink a bases de dados e, como já fiz ligações entre bases de dados e o Android.

Quando o androide envia um sinal para OFF/ON, envia um sinal para as bases de dados que estão ligadas ao MATLAB e ao Arduino, pelo que o fogão será desligado. Como o sistema é feito sem fios, os dados constantes serão lidos no telemóvel.

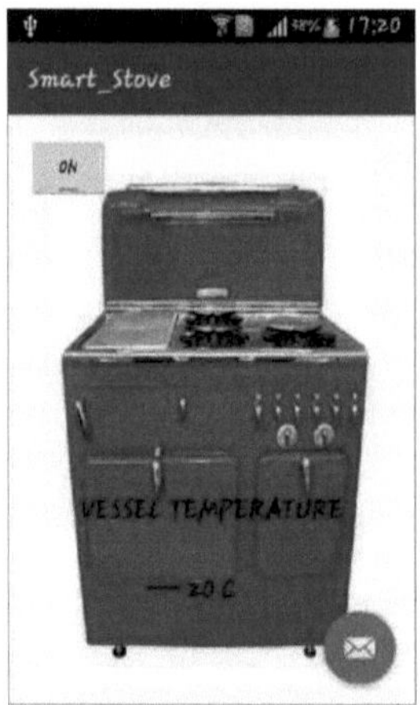

Figura 42 Atividade Smart_Stove

O modelo que se segue é apresentado na Figura 43, pelo que o modelo tem três partes principais.

Referi três coisas: o fogão, o recipiente e o comando.

Uma vez que a temperatura do recipiente deve ser controlada, o modelo serve o objetivo e o fogão desliga-se quando a temperatura aumenta em relação aos pontos de temperatura definidos

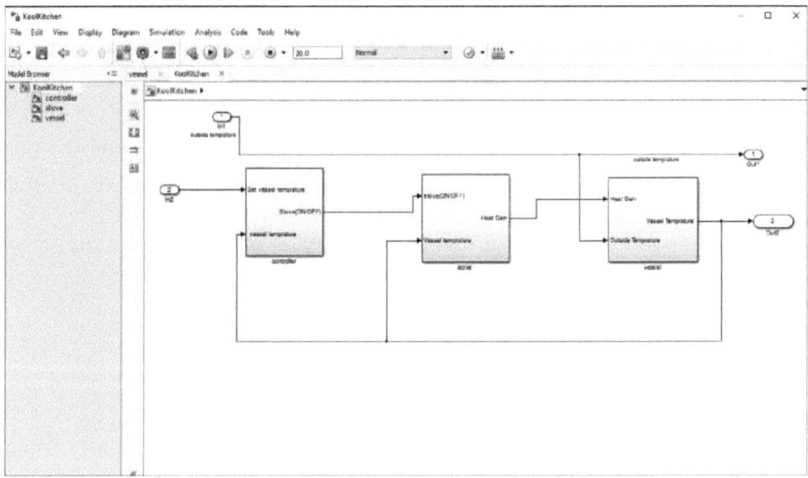

Figura 43 Simulink para fogão

Quando a temperatura sobe e desce a partir do ponto de ajuste dado, vemos a variável que a variação é mostrada abaixo no gráfico. Assim, a temperatura de regulação do recipiente seria, digamos, 25° C, pelo que as variações são mostradas na Figura 44

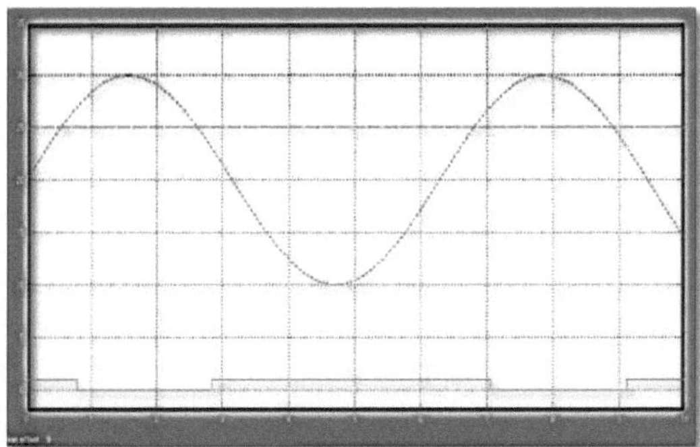

Figura 44 Variações de temperatura

Para o bom funcionamento do modelo, os dados definidos devem ser introduzidos no controlador para efetuar os cálculos necessários e definir um ponto de regulação. Para simular os subsistemas do fogão e do controlador sem o subsistema do reservatório, precisamos de um sinal para a variação da temperatura do reservatório. Utilizando um bloco constante para definir a temperatura controlada e um bloco de onda sinusoidal para um sinal realista da temperatura exterior, as simulações são apresentadas na Figura 45.

De cerca de 0 a 1,5 horas, o fogão é ligado. O ganho de calor não é constante, mas varia porque o ganho de calor é uma função da diferença entre a temperatura do fogão e a temperatura do recipiente. De 1,5 a 5,6 horas, o fogão é desligado e o ganho de calor (gráfico superior) é zero. A simulação confirma o comportamento esperado.

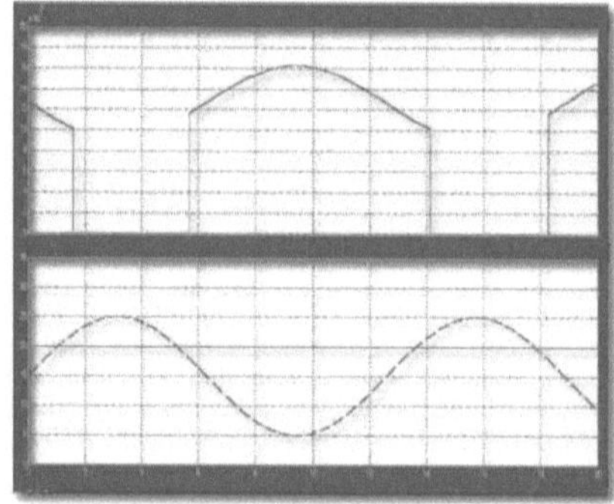

Figura 45 Alteração da temperatura do recipiente

Para simular os subsistemas do fogão e do controlador com o subsistema do reservatório, é necessário um sinal para a variação da temperatura exterior. A simulação do modelo permite observar como a regulação do controlador e a temperatura exterior afectam a temperatura interior, como se mostra na Figura 46.

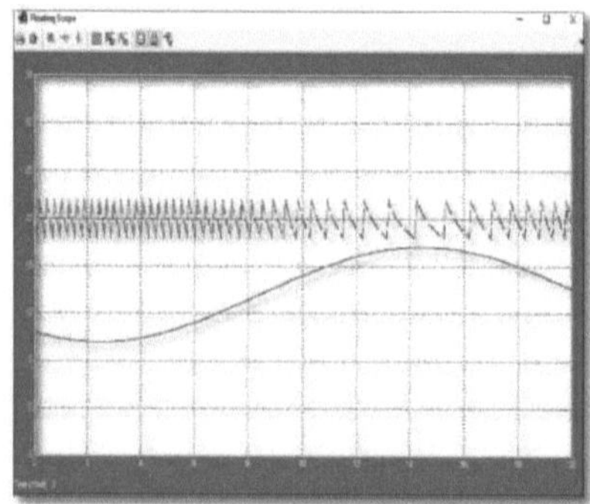

Figura 46 Alteração da temperatura do recipiente

Para que o modelo funcione com base em dados, é necessário introduzir dados no controlador, de modo a que o fogão possa ser desligado quando a temperatura máxima cessar. Como 100 °C é o ponto de ebulição da água e a temperatura exterior e a temperatura do recipiente sem o fogão ligado seria de 20 °C. Considerei-a como temperatura ambiente. A temperatura ambiente é de 25° C para as simulações

Além disso, as subpartes dos modelos são aqui definidas para maior clareza,

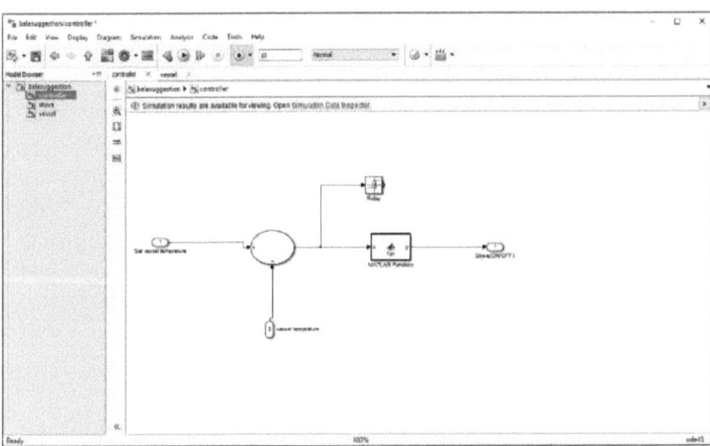

Figura 47 Sub-bloco do controlador

No controlador da subparte estou a utilizar um microcontrolador que alimenta o recipiente com dados para definir a temperatura do recipiente e que, no final, decide se o fogão tem de estar desligado ou ligado, dependendo da variável utilizada. É importante observar que o fogão não será desligado instantaneamente, pois tem a capacidade padrão de flutuar entre mais e menos de 2 graus.

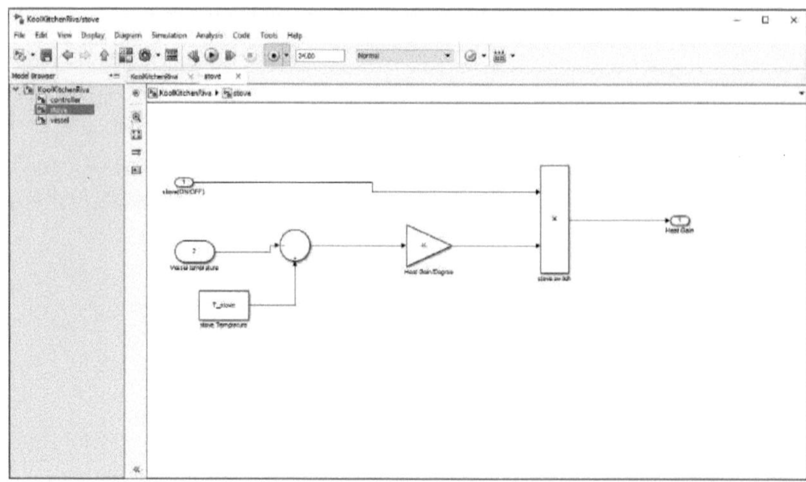

Figura 48 Sub-bloco fogão

O fogão é a parte principal deste Simulink, uma vez que é o elemento principal que absorve todas as operações de trabalho e, como já referi, vamos ter em conta a temperatura do recipiente para medir a temperatura do fogão, tendo acrescentado o último bloco como temperatura do recipiente.

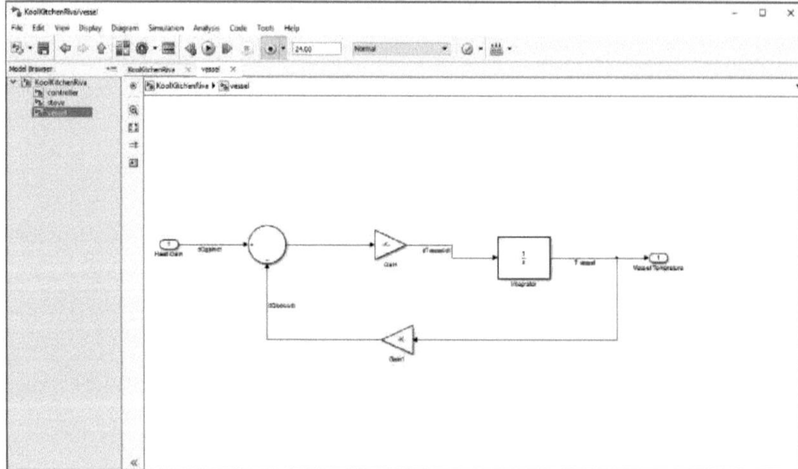

Figura 49 Sub-bloco do navio

Vamos comparar os dados com os resultados medidos, obtendo os resultados no inspetor de dados do Simulink.

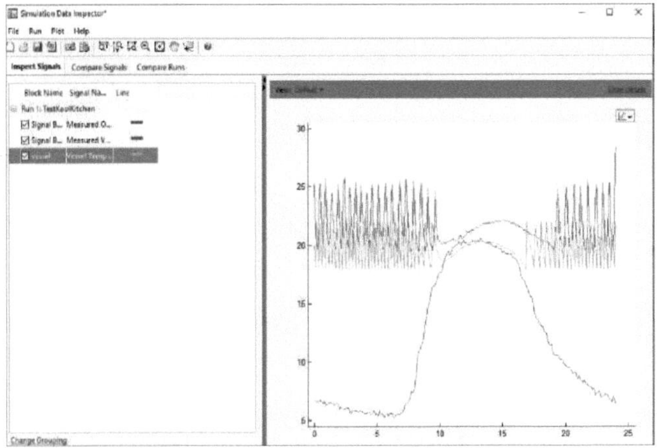

Figura 50 Comparação de resultados

Finalmente, quando o fogão está a desligar/ligar

Basicamente, é mais seguro quando o fogão se desliga automaticamente quando deixa de atingir a temperatura definida. Mas para poder automatizá-lo com apenas um clique de um telemóvel, deveríamos poder ligar o fogão a partir dos nossos smartphones. E agora determinamos alterações ao modelo

Uma alteração óbvia ao modelo é a histerese do termóstato. A temperatura ambiente simulada oscila entre 18 e 22 graus em torno do set point de temperatura de 20 graus. A temperatura ambiente medida oscila entre 20 e 25 graus com o mesmo set point.

1. Abrir o bloco "Relé" no subsistema "Termóstato".

2. Altere o ponto de ativação de 2 para 0, porque a diferença entre a temperatura ambiente e o ponto de regulação é 0.

3. Alterar o ponto de desativação de -2 para -5. Quando a temperatura ambiente estiver 5 graus acima do ponto de regulação, pretende desligar o aquecedor. O ponto de regulação é -5 graus abaixo da temperatura ambiente.

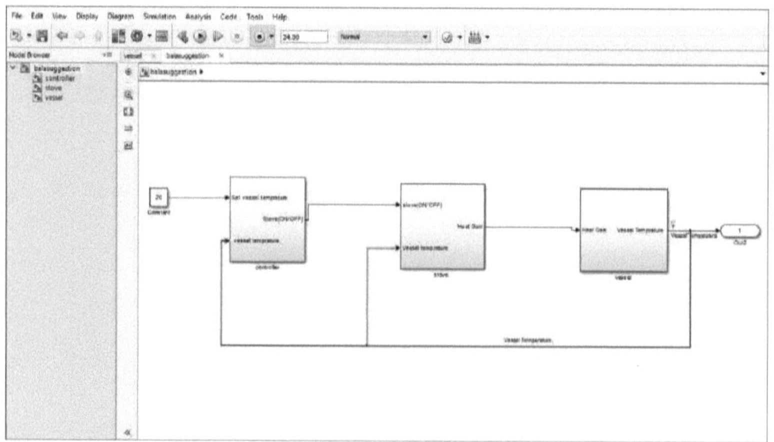

Figura 51 Determinação das alterações

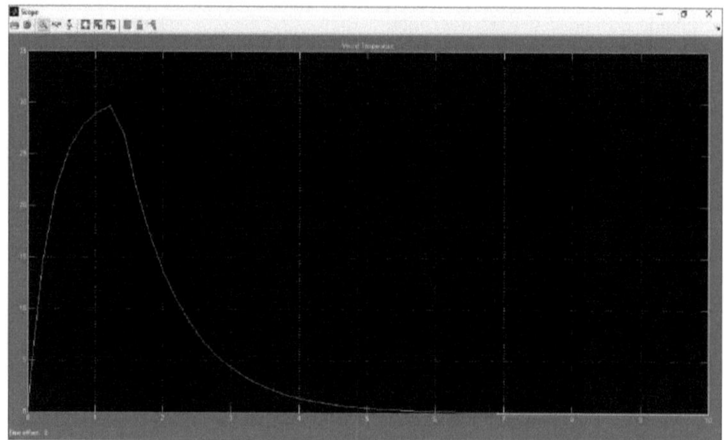

Figura 52 Saída final

Na Figura 52, mostra-se claramente que o fogão se desliga quando a temperatura atinge o ponto de regulação. Para o meu sensor, o intervalo de temperatura não é demasiado elevado, pelo que seleccionei 30 graus para demonstrar e, depois de atingir o ponto de regulação, o fogão desliga-se, o que é um passo puramente lógico.

Além disso, o fogão permanecerá desligado até o utilizador o ligar manualmente ou através da aplicação.

5.2 Ligar bases de dados ao MATLAB

É muito importante ligar o MATLAB à base de dados, uma vez que os meus dados, que são dados de temperatura e dados de data de expiração, são enviados para o servidor. O MATLAB deve ser capaz de extrair esses dados do servidor.

Driver para associar à base de dados MySQL.
Passo 1. Verificar o estabelecimento do controlador.
Passo 2. Configure a fonte de informação utilizando o Database Explorer.
Passo 3. Associar utilizando o Database Explorer ou a linha de carga.
O controlador ODBC está regularmente pré-instalado no seu PC. Para obter informações sobre a instalação do controlador ou para investigar a instalação, contacte o diretor da sua base de dados ou consulte a documentação da sua base de dados sobre controladores ODBC.

Para que tudo funcione em conjunto, preciso do ficheiro do conetor my-sql.java, que tem todas as bibliotecas de que precisamos, e guardo o ficheiro do conetor no MATLAB. O nome do anfitrião, o nome de utilizador e a palavra-passe já estão definidos na secção do servidor do relatório quando a ligação é feita entre o servidor e o Android.

Aceder a http://koolkitchen.comxa.com/riva.php

Por isso, verifiquei que estou online ou ativo, pelo que está tudo pronto. Certifique-se de que o ficheiro sqljava é chamado corretamente no código.

O passo seguinte é selecionar o nome da tabela product info, que é o nome da tabela que defini, e a7647856 ITEM (1), que é o nome da base de dados SQL. Assim, com um código, posso ligar o MATLAB à base de dados em linha. E, no lado esquerdo, poderei ver todos os valores definidos.

CAPÍTULO 6

6.RESUMO

A domótica é o próximo passo no esforço da comunidade de engenheiros para melhorar a qualidade de vida, de modo a que as pessoas se possam concentrar nas coisas mais importantes das suas vidas. Estes sistemas combinam todos os aparelhos electrónicos de uma determinada casa num único sistema. Os sistemas de domótica estão a tornar-se cada vez mais populares hoje em dia, uma vez que são cada vez mais baratos e acessíveis às massas. A sua fiabilidade também melhorou nos últimos anos e, com o advento dos smartphones, dos tablets e a melhoria da conetividade à Internet em todo o mundo, as pessoas podem controlar os aparelhos das suas casas a partir de qualquer canto do mundo.

Este trabalho de tese conclui a criação da aplicação androide que permite ao utilizador utilizar os seus dispositivos à distância. Não se trata apenas de uma ajuda para pessoas com deficiências, mas também para estudantes e pessoas que têm um estilo de vida agitado. Este trabalho inclui um novo conceito de frigorífico, através do qual o utilizador pode ser lembrado dos produtos alimentares que tem no frigorífico e das respectivas datas de validade. Hoje em dia, os retalhistas limitam-se a incluir o prémio na informação dos códigos de barras. Este sistema de domótica inclui basicamente três aparelhos de cozinha básicos que utilizamos diariamente em nossa casa, como frigoríficos, fogões e micro-ondas.

Aqui, o módulo Arduino Uno é utilizado para fazer o mesmo. Recolhe e processa os sinais e envia-os sem fios para outro módulo, as bases de dados SQL e o MATLAB no computador central Hub, utilizando um módulo zig bee. Os resultados/soluções computacionais do MATLAB são enviados de volta para a aplicação móvel autónoma para serem executados e interagirem em tempo real.

O trabalho está dividido em várias partes, como o desenvolvimento da aplicação android e a adição de dados na nuvem. A segunda e mais importante parte que requer hardware principal é o sensor que se liga ao microcontrolador e o microcontrolador que envia dados remotamente. Em seguida, a parte computacional com o MATLAB

É interessante saber até que ponto estes dispositivos serão fáceis de utilizar num futuro próximo. Em primeiro lugar, pesquisei sobre a utilização de códigos de barras em vez da aplicação androide, mas revelou-se um pouco inconveniente para o utilizador, pelo que optei por criar uma aplicação que adicionasse dados ao servidor.

CAPÍTULO 7

7.REFERÊNCIAS

[1]   *Código de barras*. (2016, 15 de maio). Recuperado de Wikimedia Foundation, Inc.: 1https://wikimediafoundation.org/

[2]   Eletrónica, L. (2014, 05 de junho). LG lança aparelhos inteligentes premium que conversam. *LG lança aparelhos inteligentes premium que conversam.*

[3]   Pennington, O. (2015, 28 de julho). *O código de barras das mercearias inclui o prazo de validade?* Retrieved from www.quora.com:https://www.quora.com/Does-the-bar- code-on-groceries-include-the-expiry-date/answer/Orit-Pennington

[4]   Sheikh Ferdoush, Xinrong Li, *Departamento de Engenharia Eléctrica, Universidade do Norte do Texas, Denton, Texas, 76203, EUA* ,agosto de 2014

[5]   J.-Y. Son, et al, "*Resource-Aware smart home management system by constructing resourcerelation   graph,*" IEEE Trans. On Consumer Eletrónica, vol. 57, pp. 1112-1119, 2011.

[6]   Vu Trieu Minh, *Desenvolvimento de uma rede de sensores sem fio combinando MATLAB e microcontroladores embutidos* Sensor Letters 13(12):1091-1096, 2015

[7]   Meier, R. (2009). Desenvolvimento profissional de aplicações Android. Canadá: Wilsey Publishing,Inc.

[8]   Jonathan Stark, B. J. (13 de janeiro de 2012). Criando aplicativos Android com HTML, CSS e JavaScript: Criando aplicativos nativos com ferramentas da Web baseadas em padrões. O'Reilly Media, Inc.

[9]   Friesen, J. (2014). *Aprenda Java para desenvolvimento Android: Edição Java 8 e Android 5.* Springer, Parte da Springer Science+Business Media.

[10]   Meloni, J. C. (2012). *Sams Teach Yourself PHP, MySQL e Apache Tudo em um.* Sams Publishing.

[11]   Peterson, M. P. (2014). *Mapping in the Cloud [Mapeamento na nuvem].* Guilford Publications.

[12]   Adafruit [WWW] https://www.adafruit.com/product/386 (14.03.2016).

[13]   Spark Fun Electronics (US) [WWW] https://www.sparkfun.com/ (7.04.2016).

[14] Spark Fun Electronics (US) [WWW] https://learn.sparkfun.com/blog (10.04.2016).

[15] A. Thati(November 7,2014) DHT11 Interface com MATLAB e Arduino
http://embedded-electronics.blogspot.com.ee/

[16] Joshi, S. (2015, 31 de agosto). Cursos /Aprender MATLAB elementar (curso
individual). Aprendendo MATLAB Elementar .

CAPÍTULO 8

8. APÊNDICES
Apêndice 1

```xml
<?xml version="1.0" encoding="utf-8"?>
<RelativeLayout xmlns:android="http://schemas.android.com/apk/res/android"
    xmlns:app="http://schemas.android.com/apk/res-auto"
    xmlns:tools="http://schemas.android.com/tools"
    android:layout_width="match_parent"
    android:layout_height="match_parent"
    android:paddingBottom="@dimen/activity_vertical_margin"
    android:paddingLeft="@dimen/activity_horizontal_margin"
    android:paddingRight="@dimen/activity_horizontal_margin"
    android:paddingTop="@dimen/activity_vertical_margin"
    app:layout_behavior="@string/appbar_scrolling_view_behavior"
    tools:context="com.example.kitchenfinal.koolkitchen.MainActivity"
    tools:showIn="@layout/activity_main"
    android:background="#ffff00">

    <ImageButton
        android:layout_width="wrap_content"
        android:layout_height="wrap_content"
        android:id="@+id/image_Button1"
        android:src="@drawable/fridge_click"
        android:layout_alignParentTop="true"
        android:layout_toRightOf="@+id/image_Button2"
        android:layout_toEndOf="@+id/image_Button2"
        android:onClick="callFridge" />

    <ImageButton
        android:layout_width="wrap_content"
        android:layout_height="wrap_content"
        android:id="@+id/image_Button2"
        android:src="@drawable/stove_click"
        android:layout_marginBottom="116dp"
        android:layout_alignBottom="@+id/image_Button3"
        android:layout_toLeftOf="@+id/image_Button3"
        android:layout_toStartOf="@+id/image_Button3"
        android:onClick="callStove" />

    <ImageButton
        android:layout_width="wrap_content"
        android:layout_height="wrap_content"
        android:id="@+id/image_Button3"
        android:src="@drawable/microwave_click"
```

```xml
        android:layout_marginTop="66dp"
        android:layout_below="@+id/image_Button1"
        android:layout_alignParentRight="true"
        android:layout_alignParentEnd="true"
        android:onClick="callMicrowave" />

    <TextView
        android:layout_width="wrap_content"
        android:layout_height="wrap_content"
        android:textAppearance="?android:attr/textAppearanceLarge"
        android:text="FRIDGE"
        android:id="@+id/textView"
        android:textStyle="bold"
        android:layout_alignBottom="@+id/image_Button1"
        android:layout_alignLeft="@+id/textView3"
        android:layout_alignStart="@+id/textView3" />

    <TextView
        android:layout_width="wrap_content"
        android:layout_height="wrap_content"
        android:textAppearance="?android:attr/textAppearanceLarge"
        android:text="STOVE"
        android:id="@+id/textView2"
        android:textStyle="bold"
        android:layout_alignBottom="@+id/image_Button2"
        android:layout_alignLeft="@+id/image_Button2"
        android:layout_alignStart="@+id/image_Button2" />

    <TextView
        android:layout_width="wrap_content"
        android:layout_height="wrap_content"
        android:textAppearance="?android:attr/textAppearanceLarge"
        android:text="MICROWAVE"
        android:id="@+id/textView3"
        android:textStyle="bold"
        android:layout_alignBottom="@+id/image_Button3"
        android:layout_alignLeft="@+id/image_Button3"
        android:layout_alignStart="@+id/image_Button3" />

</RelativeLayout>
```

Apêndice 2

```java
package com.example.kitchenfinal.koolkitchen;

import android.content.Intent;
import android.os.Bundle;
import android.support.design.widget.FloatingActionButton;
import android.support.design.widget.Snackbar;
import android.support.v7.app.AppCompatActivity;
import android.support.v7.widget.Toolbar;
import android.view.Menu;
import android.view.MenuItem;
import android.view.View;
import android.widget.ImageButton;

public class MainActivity extends AppCompatActivity {

    private static ImageButton button_sbm;
    private static ImageButton button_sbm1;

public void init(){}

@Override
protected void onCreate(Bundle savedInstanceState) {
    super.onCreate(savedInstanceState);
    setContentView(R.layout.activity_main);
    Toolbar toolbar = (Toolbar) findViewById(R.id.toolbar);
    setSupportActionBar(toolbar);

    FloatingActionButton fab = (FloatingActionButton) findViewById(R.id.fab);
    fab.setOnClickListener(new View.OnClickListener() {
      @Override
      public void onClick(View view) {
        Snackbar.make(view, "Replace with your own action",
Snackbar.LENGTH_LONG)
                .setAction("Action", null).show();

      }
```

```java
        });
    }


    public void callFridge(View view){


            Intent intent=new Intent(this,Fantastic_Fridge.class);
            startActivity(intent);


    }


    public void callStove(View view){


        Intent intent=new Intent(this,Smart_Stove.class);
        startActivity(intent);

    }
    public void callMicrowave(View view){


        Intent intent=new Intent(this,Master_Microwave.class);
        startActivity(intent);

    }
    @Override
    public boolean onCreateOptionsMenu(Menu menu) {
        // Inflate the menu; this adds items to the action bar if it is present.
        getMenuInflater().inflate(R.menu.menu_main, menu);
        return true;
    }



    @Override
    public boolean onOptionsItemSelected(MenuItem item) {
        // Handle action bar item clicks here. The action bar will
        // automatically handle clicks on the Home/Up button, so long
        // as you specify a parent activity in AndroidManifest.xml.
        int id = item.getItemId();

        //noinspection SimplifiableIfStatement
        if (id == R.id.action_settings) {
            return true;
        }

        return super.onOptionsItemSelected(item);
```

        }
}

Appendix 3

Java file for Fantastic_fridge

package com.example.kitchenfinal.koolkitchen;

import android.app.Activity;
import android.content.Context;
import android.content.Intent;
import android.net.ConnectivityManager;
import android.net.NetworkInfo;
import android.os.Bundle;
import android.support.design.widget.FloatingActionButton;
import android.support.design.widget.Snackbar;
import android.support.v7.widget.Toolbar;
import android.view.View;
import android.widget.Button;
import android.widget.TextView;

public class Fantastic_Fridge **extends** Activity {

    Button **B1**;
    Button **B2**;
    TextView **textView**;

    @Override
    protected void onCreate(Bundle savedInstanceState) {
        super.onCreate(savedInstanceState);
        setContentView(R.layout.*activity_fantastic__fridge*);
        Toolbar toolbar = (Toolbar) findViewById(R.id.*toolbar*);

        FloatingActionButton fab = (FloatingActionButton) findViewById(R.id.*fab*);
        fab.setOnClickListener(**new** View.OnClickListener() {
            @Override
            public void onClick(View view) {
                Snackbar.*make*(view, **"Replace with your own action"**,
Snackbar.*LENGTH_LONG*)
                        .setAction(**"Action"**, **null**).show();
                B1=(Button) findViewById(R.id.*b1*);
                B2=(Button) findViewById(R.id.*b2*);

```java
        textView=(TextView) findViewById(R.id.textView6);

        ConnectivityManager
connectivityManager=(ConnectivityManager)getSystemService(Context.CONNECTIVITY_
SERVICE);
        NetworkInfo networkInfo=connectivityManager.getActiveNetworkInfo();
    /* if(networkInfo!=null&& networkInfo.isConnected())
     {
      textView.setVisibility(View.INVISIBLE);


     }
        else
    {
     B1.setEnabled(false);
      B2.setEnabled(false);


     }
*/

        B1.setEnabled(false);
        B2.setEnabled(false);


      }
    });
  }

  public void itemexpiry(View view)
  {

startActivity(new Intent(this,Fridge_Fragement.class));

  }



}
```

Apêndice 4

Java file for Smart_stove

```java
package com.example.kitchenfinal.koolkitchen;

import android.os.Bundle;
import android.support.design.widget.FloatingActionButton;
import android.support.design.widget.Snackbar;
import android.support.v7.app.AppCompatActivity;
import android.support.v7.widget.Toolbar;
import android.view.View;

public class Smart_Stove extends AppCompatActivity {

    @Override
    protected void onCreate(Bundle savedInstanceState) {
        super.onCreate(savedInstanceState);
        setContentView(R.layout.activity_smart__stove);
        Toolbar toolbar = (Toolbar) findViewById(R.id.toolbar);
        setSupportActionBar(toolbar);

        FloatingActionButton fab = (FloatingActionButton) findViewById(R.id.fab);
        fab.setOnClickListener(new View.OnClickListener() {
            @Override
            public void onClick(View view) {
                Snackbar.make(view, "Replace with your own action",
Snackbar.LENGTH_LONG)
                    .setAction("Action", null).show();
            }
        });
    }

}
```

Apêndice 5

Java file for Master_microwave

```java
package com.example.kitchenfinal.koolkitchen;

import android.os.Bundle;
import android.support.design.widget.FloatingActionButton;
import android.support.design.widget.Snackbar;
import android.support.v7.app.AppCompatActivity;
import android.support.v7.widget.Toolbar;
import android.view.View;

public class Master_Microwave extends AppCompatActivity {

    @Override
    protected void onCreate(Bundle savedInstanceState) {
        super.onCreate(savedInstanceState);
        setContentView(R.layout.activity_master__microwave);
        Toolbar toolbar = (Toolbar) findViewById(R.id.toolbar);
        setSupportActionBar(toolbar);

        FloatingActionButton fab = (FloatingActionButton) findViewById(R.id.fab);
        fab.setOnClickListener(new View.OnClickListener() {
            @Override
            public void onClick(View view) {
                Snackbar.make(view, "Replace with your own action",
Snackbar.LENGTH_LONG)
                        .setAction("Action", null).show();
            }
        });
    }

}
```

Apêndice 6

```
////////Add_info.php////////

<?php
 require "riva.php";

$item = $_POST["item"];
$expirydate =  $_POST["expirydate"];

$sql = "insert into product_info values ('$item' , '$expirydate');";

if(mysqli_query($con,$sql) )
{

echo "<br><h3>one Row Inserted....</h3> ";
}
 else
 {
echo "Error in insertion.......". mysqli_error($con);
 }
 ?>
```

Apêndice 7

```
////////Index.php////////
<html>
<head><title>Add info....</title></head>
<body>

<form action="add_info.php" method="post">

<table>
<tr>
<td>Item: </td>
<td><input type="varchar" name="item" /></td>
</tr>


<tr>
<td>ExpiryDate: </td>
<td><input type="date" name="expirydate" /></td>
</tr>
</table>

<input type="submit" value="Submit Info" />

</form>
</body>


</html>
```

Apêndice 8

Java file for Fragment_fridge

```java
package com.example.kitchenfinal.koolkitchen;

import android.app.Activity;
import android.os.AsyncTask;
import android.os.Bundle;
import android.support.design.widget.FloatingActionButton;
import android.support.design.widget.Snackbar;
import android.support.v7.widget.Toolbar;
import android.view.View;
import android.widget.EditText;
import android.widget.Toast;

import com.google.android.gms.appindexing.AppIndex;
import com.google.android.gms.common.api.GoogleApiClient;

import java.io.BufferedWriter;
import java.io.IOException;
import java.io.InputStream;
import java.io.OutputStream;
import java.io.OutputStreamWriter;
import java.net.HttpURLConnection;
import java.net.MalformedURLException;
import java.net.URL;
import java.net.URLEncoder;

public class Fridge_Fragement extends Activity {

    EditText Item, ExpiryDate;
    String item, expirydate;
    /**
     * ATTENTION: This was auto-generated to implement the App Indexing API.
     * See https://g.co/AppIndexing/AndroidStudio for more information.
     */
    private GoogleApiClient client;


    @Override
    protected void onCreate(Bundle savedInstanceState) {
        super.onCreate(savedInstanceState);
        setContentView(R.layout.activity_fridge__fragement);
```

--

```java
        Toolbar toolbar = (Toolbar) findViewById(R.id.toolbar);

        FloatingActionButton fab = (FloatingActionButton) findViewById(R.id.fab);
        fab.setOnClickListener(new View.OnClickListener() {
          @Override
          public void onClick(View view) {
            Snackbar.make(view, "Replace with your own action",
    Snackbar.LENGTH_LONG)
                    .setAction("Action", null).show();
            Item = (EditText) findViewById(R.id.et_item);
            ExpiryDate = (EditText) findViewById(R.id.et_date);
            BackgroundTask backgroundTask = new BackgroundTask();
            backgroundTask.execute(item, expirydate);
            finish();


          }
        });

        // ATTENTION: This was auto-generated to implement the App Indexing API.
        // See https://g.co/AppIndexing/AndroidStudio for more information.
        client = new GoogleApiClient.Builder(this).addApi(AppIndex.API).build();
    }

    public void saveInfo(View view) {

        item = Item.getText().toString();
        expirydate = ExpiryDate.getText().toString();
        BackgroundTask backgroundTask=new BackgroundTask();
        backgroundTask.execute(item,expirydate);
        finish();

    }


class BackgroundTask extends AsyncTask<String, Void, String> {
    String add_info_url;

    @Override
    protected void onPreExecute() {

      add_info_url = "http://koolkitchen.comxa.com/add_info.php";


    }
```

```java
@Override
protected String doInBackground(String... args) {
    String item, expirydate;
    item = args[0];
    expirydate = args[1];
    try {
        URL url = new URL(add_info_url);
        HttpURLConnection
httpURLConnection=(HttpURLConnection)url.openConnection();
        httpURLConnection.setRequestMethod("POST");
        httpURLConnection.setDoOutput(true);
        OutputStream outputStream=httpURLConnection.getOutputStream();
        BufferedWriter bufferedWriter=new BufferedWriter(new
OutputStreamWriter(outputStream,"utf-8"));
        String data_string= URLEncoder.encode("item","utf-
8")+"="+URLEncoder.encode(item,"utf-8")+"&"+
            URLEncoder.encode("expirydate","utf-
8")+"="+URLEncoder.encode(expirydate,"utf-8");

        bufferedWriter.write(data_string);
        bufferedWriter.flush();
        bufferedWriter.close();
        outputStream.close();
        InputStream inputStream=httpURLConnection.getInputStream();
        inputStream.close();
        httpURLConnection.disconnect();
        return "One row of Data inserted...";


    } catch (MalformedURLException e) {
        e.printStackTrace();
    } catch (IOException e) {
        e.printStackTrace();
    }

    return null;
}

@Override
protected void onProgressUpdate(Void... values) {
    super.onProgressUpdate(values);
}

@Override
protected void onPostExecute(String result) {
    Toast.makeText(getApplicationContext(),result,Toast.LENGTH_LONG).show();


    }
}
```

Xml code for Fantastic_fridge

```xml
<?xml version="1.0" encoding="utf-8"?>
<RelativeLayout xmlns:android="http://schemas.android.com/apk/res/android"
    xmlns:app="http://schemas.android.com/apk/res-auto"
    xmlns:tools="http://schemas.android.com/tools"
    android:layout_width="match_parent"
    android:layout_height="match_parent"
    android:paddingBottom="@dimen/activity_vertical_margin"
    android:paddingLeft="@dimen/activity_horizontal_margin"
    android:paddingRight="@dimen/activity_horizontal_margin"
    android:paddingTop="@dimen/activity_vertical_margin"
    app:layout_behavior="@string/appbar_scrolling_view_behavior"
    tools:context="com.example.kitchenfinal.koolkitchen.Fantastic_Fridge"
    tools:showIn="@layout/activity_fantastic__fridge">

    <ImageView
        android:layout_width="wrap_content"
        android:layout_height="wrap_content"
        android:id="@+id/imageView"
        android:src="@drawable/background_fridge"
        android:layout_alignParentBottom="true"
        android:layout_alignParentLeft="true"
        android:layout_alignParentStart="true" />

    <Button
        android:layout_width="wrap_content"
        android:layout_height="wrap_content"
        android:text="ITEM EXPIRY"
        android:id="@+id/b1"
        android:background="#fde404"
        android:textStyle="bold"
        android:onClick="itemexpiry"
        android:layout_marginTop="60dp"
        android:layout_alignParentTop="true"
        android:layout_alignParentLeft="true"
        android:layout_alignParentStart="true"
        android:layout_marginLeft="72dp"
        android:layout_marginStart="72dp" />

    <Button
        android:layout_width="wrap_content"
        android:layout_height="wrap_content"
```

```xml
        android:text="ITEM WEIGHT"
        android:id="@+id/b2"
        android:background="#fde404"
        android:textStyle="bold"
        android:onClick="itemweight"
        android:layout_centerVertical="true"
        android:layout_centerHorizontal="true" />

    <TextView
        android:layout_width="wrap_content"
        android:layout_height="wrap_content"
        android:textAppearance="?android:attr/textAppearanceLarge"
        android:text="NO NETWORK FOUND"
        android:id="@+id/textView6"
        android:layout_alignParentBottom="true"
        android:layout_centerHorizontal="true"
        android:layout_marginBottom="73dp"
        android:textStyle="bold" />
</RelativeLayout>
```

Código Arduino para o sensor

```
#include <idDHT11.h>


/*

 Board          int.0     int.1    int.2    int.3    int.4    int.5

 Uno, Ethernet  2         3

 Mega2560       2         3        21       20       19       18

 Leonardo       3         2        0        1

 Due            (any pin, more info http://arduino.cc/en/Reference/AttachInterrupt)
 */

int idDHT11pin = 2; //Digital pin for comunications

int idDHT11intNumber = 0; //interrupt number (must be the one that use the previus defined
pin (see table above)

//declaration

void dht11_wrapper(); // must be declared before the lib initialization

// Lib instantiate

idDHT11 DHT11(idDHT11pin,idDHT11intNumber,dht11_wrapper);

void setup()

{

  Serial.begin(9600);

  Serial.println("idDHT11 Example program");
```

```cpp
    Serial.print("LIB version: ");

    Serial.println(IDDHT11LIB_VERSION);

    Serial.println("---------------");

}

// This wrapper is in charge of calling

// mus be defined like this for the lib work

void dht11_wrapper() {

  DHT11.isrCallback();

}

void loop()

{

  Serial.print("\n  sensor reading: ");

  Serial.print("sensor status: ");

  //delay(100);

  DHT11.acquire();

  while (DHT11.acquiring())    ;

int result = DHT11.getStatus();

  switch (result)

  {

  case IDDHTLIB_OK:

    Serial.println("OK");

    break;

  case IDDHTLIB_ERROR_CHECKSUM:

    Serial.println("Error\n\r\tChecksum error");
```

```cpp
    break;
  case IDDHTLIB_ERROR_ISR_TIMEOUT:
    Serial.println("Error\n\r\tISR Time out error");
    break;
  case IDDHTLIB_ERROR_RESPONSE_TIMEOUT:
    Serial.println("Error\n\r\tResponse time out error");
    break;
  case IDDHTLIB_ERROR_DATA_TIMEOUT:
    Serial.println("Error\n\r\tData time out error");
    break;
  case IDDHTLIB_ERROR_ACQUIRING:
    Serial.println("Error\n\r\tAcquiring");
    break;
  case IDDHTLIB_ERROR_DELTA:
    Serial.println("Error\n\r\tDelta time to small");
    break;
  case IDDHTLIB_ERROR_NOTSTARTED:
    Serial.println("Error\n\r\tNot started");
    break;
  default:
    Serial.println("Unknown error");
    break;
  }
  Serial.print("Humidity (%): ");
```

```cpp
    Serial.println(DHT11.getHumidity(), 2);
  Serial.print(" Vessel Temperature (oC): ");
    Serial.println(DHT11.getCelsius(), 2);
  Serial.print(" Vessel Temperature (oF): ");
    Serial.println(DHT11.getFahrenheit(), 2);
  Serial.print(" Vessel Temperature (K): ");
    Serial.println(DHT11.getKelvin(), 2);
  delay(2000);
}
```

Apêndice 11

```cpp
#include "DHT.h"

#include <SoftwareSerial.h>


#define DHTTYPE DHT11

#define DHTPIN 8


// XBee's DOUT (TX) is connected to pin 2 (Arduino's Software RX)

// XBee's DIN (RX) is connected to pin 3 (Arduino's Software TX)

SoftwareSerial XBee(2, 3); // RX, TX


// Initialize DHT sensor.

// Note that older versions of this library took an optional third parameter to

// tweak the timings for faster processors.  This parameter is no longer needed

// as the current DHT reading algorithm adjusts itself to work on faster procs.

DHT dht(DHTPIN, DHTTYPE);


void setup() {

   // Set up both ports at 9600 baud. This value is most important

   // for the XBee. Make sure the baud rate matches the config

   // setting of your XBee.

   XBee.begin(9600);

   Serial.begin(9600);
```

```
  dht.begin();

}


void loop() {

  // Wait a few seconds between measurements.

  delay(1000);


  float t = dht.readTemperature();


  // Check if any reads failed and exit early (to try again).

  if ( isnan(t) ) {

  Serial.println("Failed to read from DHT sensor!");

  return;

  }

    XBee.println(t);

    Serial.println(t);

  }
```

Apêndice 12

Temperature data through Arduino to MATLAB

```
>> s = serial('COM3');
time=100;
i=1;
while(i<time)

fopen(s)
fprintf(s, 'Your serial data goes here')
out = fscanf(s)

Temp(i)=str2num(out(1:4));
 subplot(211);
 plot(Temp,'g');
 axis([0,time,20,50]);
title('Parameter: DHT11 Temperature');
xlabel('---> time in x*0.02 sec');
ylabel('---> Temperature');
grid
Humi(i)=str2num(out(5:9));
 subplot(212);
 plot(Humi,'m');
axis([0,time,25,100]);
title('Parameter: DHT11 Humidity');
xlabel('---> time in x*0.02 sec');
ylabel('---> % of Humidity ');
grid

fclose(s)
i=i+1;
drawnow;
```

end

delete(s)

clear s

out =

26.0025.00

out =

26.0025.00
out =

26.0025.00

out =

26.0025.00

out =

26.0025.00

out =

26.0025.00

out =

26.0025.00

out =

26.0025.00

out =

26.0025.00

out =

26.0025.00

out =

25.0025.00

out =

25.0025.00

out =

25.0025.00

out =

25.0025.00

out =

25.0025.00

out =

24.0025.00

out =

24.0025.00

out =

23.0025.00

out =

23.0025.00

out =

23.0025.0

out =

22.0025.00

Apêndice 13

Arduino code for DHT11

The circuit:

 * LCD RS pin to digital pin 12

 * LCD Enable pin to digital pin 11

 * LCD D4 pin to digital pin 5

 * LCD D5 pin to digital pin 4

 * LCD D6 pin to digital pin 3

 * LCD D7 pin to digital pin 2

 * LCD R/W pin to ground

 * 10K resistor:

 * ends to +5V and ground

 * wiper to LCD VO pin (pin 3)

 */

```
// include the library code:

#include <DHT11.h>

#include <LiquidCrystal.h>

// initialize the library with the numbers of the interface pins

LiquidCrystal lcd(12, 11, 5, 4, 3, 2);


int pin=8;

DHT11 dht11(pin);

void setup()

{

lcd.begin(16, 2);
```

```cpp
  Serial.begin(9600);

  while (!Serial) {

    ; // wait for serial port to connect. Needed for Leonardo only

  }

}


void loop()

{

 int err;

 float temp, humi;

 if((err=dht11.read(humi, temp))==0)

 {

  //Serial.print("temperature:");

  Serial.print(temp);

  lcd.setCursor(0, 1);

  lcd.print("T:");

  lcd.print(temp);

  lcd.print("C");


  //Serial.print(" humidity:");

  Serial.print(humi);

  lcd.setCursor(8,1);

  lcd.print("H:");

  lcd.print(humi);
```

```cpp
    lcd.print("%");

   Serial.println();

  }

 else

 {

   Serial.println();

   Serial.print("Error No :");

   lcd.print("Error No:");

   Serial.print(err);

   lcd.print(err);

   Serial.println();

 }

 delay(DHT11_RETRY_DELAY); //delay for reread

 }
```

Apêndice 14

CH=Channel

ID =PAN ID

DH =Destination Address High

DL= Destination Address Low

MY=16-bit Source Address

VCC=Power Supply

GND=Ground

D02=Digital output Pin 2

D03=Digital Output Pin 3

TX=Transmitter

RX=Receiver

Printed by Books on Demand GmbH, Norderstedt / Germany